GÜTERSLOHER
VERLAGSHAUS

UWE STEIMLE

Meine Oma, Marx & Jesus Christus

AUS DEM LEBEN EINES OSTALGIKERS

GÜTERSLOHER VERLAGSHAUS

Dieses Buch ist gewidmet
meinen Eltern und überhaupt
allen meinen Vorfahren!

WENN DER ZWEIFEL MICH
ÄNGSTIGT, MACHT DIE HOFFNUNG
MICH FROH.

Uwe Steimle

Inhalt

Im Anfang war das Wort

Wie kann es da ein Vorwort geben?

Wer braucht ein solches? Und wenn schon eines vonnöten ist, so sollte auch dieses göttlich sein.

Nach langem Überlegen habe ich mich entschlossen, Ihnen, geneigte Leserschaft, ein Vorwort zuzueignen, welches diesem höchsten Anspruch gerecht wird:

Noch nie da gewesen, informativ, kurzweilig, neugierig machend, originell, Genuss verheißend, also kurz: Allererste Sahne.

Ein solches Vorwort gibt es nicht, sagen Sie? Das müsste erst noch geschrieben werden! Hier ist es:

REZEPT FÜR EINEN ORIGINAL SÄCHSISCHEN SAHNEKUCHEN

Abgelauscht Herrn Bäckermeister Wehner aus Oberpoyritz bei Pillnitz.

Erstens:

Man gebe 200 g gute Butter sowie
200 g Zucker

zusammen, verrühre beides zu einer cremigen Masse – von mir aus mittels Mixer – und menge im Anschluss noch vier Eier darunter, ja mitsamt dem Eiweiß. (Eischwarz gibt es noch nicht.)

Zweitens:

Halten Sie eine Schüssel bereit, welche in der Lage ist,
130 g Mehl (normal 405)
1 Päckchen Sahnepudding aufzunehmen.

Drittens:
Jetzt aufgepasst! Sie bringen das Gemengte aus Zweitens esslöffelweise unter die cremige Masse von Erstens.

Haben Sie? Gut!

Nun wird ein Liter heiße Milch dazugegeben. Ich betone: heiße, nicht kochende.

Und die so gewonnene Sahnecreme ergießt sich nach kurzem Ziehen in eine 28-er Springform, in die vorher ein Mürbeteigboden – möglichst Kathis Streuselteig – ausgelegt wurde.

Mit einer Rouladennadel o. Ä. rammen Sie Löcher in den Boden, damit sich der Kuchen später leichter vom Blech lösen kann. (Richtig: nach dem Backen!)

Da Sie den Ofen schon vorgeheizt haben, brauchen Sie den Kuchen nur noch in diesen einfahren zu lassen. Ja, ja! Schön vorsichtig, auf dass nüschd schwebbert, und bei 180°C bäckt er nun mindestens 30 Minuten.

Ferdsch!

Noch mal:

Auf eine 28-er Springform kommt (fast) 1 Stück Butter! Die Butter macht den Kuchen sahnig, da sich in ihr über 80% feinst-herrliche Fettigkeit befindet, die den Namen gibt.

Unten im Teig (Stufe1) ist der Kuchen fest, fast keksig, im Mittelteil (Stufe 2) feucht-fest und obenauf, in Stufe 3, schwimmt er fast. So soll es sein.

Er ist der Kuchen der Kuchen!

Ein deutscher Sahnekuchen, genauer, ein sächsischer Sahnekuchen, der höchsten Ansprüchen genügt. Es lebe das sächsische Backhandwerk und ihr erdiger Gott, der göttliche Bäckermeister Wehner! Allererste Sahne!

Allein das Vorwort ist den Kauf dieses Buches wert. Bäcker sind verschwiegene Leute, die selten ein Rezept preisgeben. Lieber nehmen sie es mit ins Grab, als es der Masse zu verraten.

Dieses nun ist ein altes Familienrezept, bewahrt und tradiert über Generationen und in keinem Internetz zu finden.

Bitte denken Sie bei jedem Bissen daran, und würdigen Sie das Besondere! Oder, wie wir Sachsen sagen: »Essen Sie den Sahnekuchen ä bissel mit Verstand!«

Gutes Gelingen und guten Appetit!

Und jetzt geht's los, das war erst das Vorwort …

Uwes Schulweg und andere verwunderliche Geschichten

Vorbereitet durch Kinderkrippe und Kindergarten, erstürmte ich am 01. 09. 1970 den 1. Gipfel der Kultur, die Polytechnische Oberschule in Dresden-Trachau.

Und das ging nur in Keilhosen. Wenn ich irgendetwas überhaupt nicht mochte, dann waren es diese gottverdammten Silastikkeilhosen. »Wieso, die sind doch praktisch«, flötete und lockte meine Mutter. »Erstens sind sie von Tante Fine aus dem Westen«, das hieß, Menschen aus der Bundesrepublik Deutschland hatten schon mal diese Fischgrätenmusterkeilhosen getragen. »Und zweitens?«, bohrte ich. »Darfst du sie abtragen.« Abtragen! Von Anfang an also trieb der Westen einen Keil zwischen mich und meine Hosen. Darunter musste man dann im Winter auch noch lange Unterhosen anziehen, ebenfalls am unteren Ende zum Keil gefaltet. Eine Tortur Sondershausen! Da ich in diesen jungen Jahren auch noch über Schweißfüße verfügte, waren die vom Vater ausgehändigten Armeesocken vorschriftsmäßig zu pudern. Natürlich mittels Elasan-Puderdose. Meistens aber waren die Plastesieblöcher der rosa Handdose verstopft, sodass sich ungeheure Mengen des Antischweißpuders in die Socken ergossen, weil irgendjemand die Verschlusskappe entfernt hatte, unerlaubt!

Wenn alles knapp war in der DDR – Schweißpuder war es nicht. Oder war es am Ende gar kein Schweißpuder, was da in der Elasan-Puderdose war, sondern Keimstopp?

Jedenfalls hatte ich Anfang der 70-ger des Öfteren das Gefühl, ich würde zur Schule schweben. Ja, auf einem Schweißpuderfußbett!

Nicht zu vergessen die Einlagen, die ich ebenfalls noch an die Füße zu bringen hatte. Dazu muss man wissen, dass fast alle Sachsen in jungen Jahren ein kurzes und ein langes Bein haben, was dann für unegale Füße sorgt: obligatorisch. Und diese galt es mit Einlagen zu bändigen.

Zu den abtragungswürdigen Sachen aus dem Westen gehörten auch ein Paar Seehundschuhe, die an meinen Füßen eher wie zwei große Igel aussahen und mit denen ich weniger zur Schule ging … als vielmehr robbte. Damals waren diese Seehundschuhe der letzte Schrei.

Seit der so genannten Wende 89 weiß ich einen Begriff der westdeutschen Propaganda wirklich zu schätzen und genau zu deuten: »Beinfreiheit«.

Wer weiß, was aus mir alles hätte werden können, hätten meine Eltern mich nicht um diese Beinfreiheit betrogen. Aber Schwamm drüber! Hinterher ist man immer klüger, und der Weg war das Ziel, und das hieß Schule.

Auf Seehundschweißpuderfußbettschuhen robbte ich durchs Gausgässel, vorbei am Laternenanzünder. »Wie bitte?«, werden jetzt hoffentlich viele aufmerksame Leser fragen. »Laternenanzünder?« Aber ja, das war sogar ein Beruf! Ein Mann mit einer am oberen Ende leicht gebogenen Stange fuhr auf dem Fahrrad und machte die Gaslaternen entweder an oder aus. Ein Artist war das! Jeden Morgen gab dieser Laternenanzünder mir zu Ehren eine Extravorstellung. Bestimmt kam er gerade von der Nachtvorstellung aus dem Zirkus, denn was ich da jeden Morgen geboten bekam, war Artistik der Spitzenklasse. Der Mann stieg ja nicht mal ab von seinem Diamantdrahtesel. Einem Lanzenkämpfer gleich näherte er sich zielstrebig den alten Dresdner Gasfunzeln, und schwuppdiwupp hakte er den Ring der Glühstrümpfe ein und aus, und er traf diesen immer. Wie er das Zauberkunststück fertigbrachte, ohne den Ring zu verfehlen, ohne im Ring zu verkeilen oder gar zu stürzen, blieb sein Geheimnis. Wie gesagt: ein Zauberer … von Ost.

»Was hab' ich doch für ein großes Glück, in so einer Stadt leben zu dürfen«, dachte ich nicht ohne Stolz. Wie reich musste Dresden sein!

Wo sonst können Kinder Zirkusartisten als Laternenanzünder bewundern?

Und was das für ein Licht war! Ich taufte es später das »Dresdner Gaslaternenfunzellicht«. Weich, unendlich weich war das, und man konnte das Licht hören. Ja, ganz weich rauschte das Gas über die Glühstrümpfe und tauchte Dresden in ein zärtlich-freundliches Quittenlicht. Die Stadt träumte eigentlich immer vor sich hin.

Manchmal war es schon taghell, und die Laternen brannten immer noch, vielleicht weil der Artist verschlafen hatte? Laternenanzünder, das wollte ich später auch einmal werden, ein Artist sein und Licht in das Dunkel bringen.

Zunächst aber hieß es die Schule besuchen. »Besuchen«, das klang, als würde ich zu einem guten Freund gehen.

Die Schuleinführung bestritt ich jedenfalls mit einer Lincoln-Schleife. »Die tragen sonst nur Sheriffs aus dem Wilden Westen«, wusste meine Tante stolz zu berichten.

Die Zuckertüte war so groß, dass ich den Inhalt locker bis Weihnachten hätte strecken können, was mir aber nicht gelang. Zu verlockend waren Schokolinsen, Lakritzstangen, bunte Kokosflocken und Schokoladenmaikäfer von Elbflorenz. Sie verhießen glückliches Lernen, wäre da nicht der unendlich lange Schulweg gewesen und das gar so zeitige Aufstehen mitten in der Nacht.

Ja, ja: halb 6 klingelte der Wecker, und die Wärmflasche war dann auch schon kalt.

Da meine Mutti in der Feinkartonage des VEB Polypack arbeitete, war sie noch früher auf den Beinen als ich, sodass ich im wahrsten Sinne des Wortes mutterseelenallein durchs Gausgässel musste.

Um keinen Räubern in die Hände zu fallen, steckte ich mir beizeiten den Küchenschnitzer in die Stiefel, denn als Sheriff wusste man nie, welch Gesindel einem auf dem Schulweg auflauerte. Gerade im Winter, wenn es draußen noch stockdunkel war und die Nebelschwaden den Weg unvorhersehbar machten, musste ein Sheriff behutsam jeden Schritt bedenken. Keine 20 Meter sah ich weit. Und immer allein, denn ich war offenbar der Einzige im Rayon, der diesen Weg ging, gehen musste, und niemand beschützte mich. Keine vier Panzersoldaten und ein Hund, nicht Janek und nicht Gustlik, von Marussia ganz zu schweigen. Auch mein Vater kam mir nicht zur Hilfe, obwohl der ja auch Panzerfahrer war, aber er kam nur alle vier Wochen nach Hause, und die polnische Fernsehsendung »Vier Panzersoldaten und ein Hund« erzählte jede Woche eine neue unglaubliche Geschichte, und die 5 Helden gewannen den 2. Weltkrieg im Alleingang mit eben diesem einen Panzer.

Vier Panzersoldaten und ein Hund, Schareck hieß der, die fuhren von Moskau bis Berlin quasi ohne Zwischenstopp, bis auf ein Mal: Da bekamen sie einen Volltreffer von den verhassten Deutschen direkt unterhalb des Turms vom T 34. Janeck wurde schwer verletzt, kam ins Lazarett und wurde von Marussia liebevoll versorgt, geküsst und betreut, ungefähr so wie beim großen ZDF-Drama »Dresden«, nur dass es zu meinen Kinderzeiten Polen waren, die sich Weltkriegsliebkosungen hingaben. Im Prinzip war der Krieg hier zu Ende, denn abgesehen von Janeck, war auch das Kanonenrohr ausgefranst und unbrauchbar, wäre da nicht Tausendsassa Gustlik auf die geniale Idee gekommen, die Säge anzusetzen, nicht irgendeine Säge, nein, eine polnische Eisensäge, und damit schnitt er den überflüssigen Stahl einfach weg, und schon ging's weiter nach Berlin. Warum nicht gleich so?! Schnell noch die Kette aufgezogen, und schon war man dem 8. Mai wieder ein Stück näher!

8. Mai: Tag der Befreiung, das war exakt der Termin, an dem die vier Panzersoldaten und ein Hund Berlin zu erreichen hatten. Erst wenn sie eintrafen, würde der 2. Weltkrieg für beendet erklärt werden und die polnische Fernsehserie auch.

Bis dahin musste ich mich mit meinem Küchenmesser wenigstens bis zur Schule durchschlagen. Ja, ich war bewaffnet, denn ich hatte Angst. Vorwärts? »Nein, rückwärts!«, schoss es mir durch den Kopf. Das war ungefährlicher. Wie die große Dampflok mit den 94 Braunkohlewaggons. Also drehte ich mich um, stieß den herbstdunstigen Waschhausnebel durch den geöffneten Mund und setzte mich langsam, aber sicher in Bewegung. Jetzt hatte ich keine Angst mehr, nicht vor dem, was unmittelbar vor mir auf dem Wege lag und schon gar nicht vor der Zukunft. Ich ging nicht zur Schule, ich fuhr zur Schule, als Lok. Mensch und Maschine verschmolzen zu einer Einheit. Später würde in den Geschichtsbüchern stehen: »Sein Weg führte Uwe rückwärts in eine lichte Zukunft.« Und falls es wider Erwarten nicht bis zum Geschichtsbuch reichen sollte, im Pionierkalender fand ich auf alle Fälle meinen Platz. Meinen festen Platz. So wie im Zeugnis. Da stand es Ende der zweiten Klasse schwarz auf weiß. Ach nee, da stand es leider umgekehrt:

»Uwe hat immer noch keinen festen Platz im Kollektiv gefunden.« Mit anderen Worten: Ich entsprach am Ende der zweiten Klasse noch nicht dem sozialistischen Menschenbild, und auch späterhin gab es diesbezügliche Defizite.

Ein Schwachsinn, dieser Zeugniseintrag! Wie sollte ein Kind mit acht Jahren einen festen Platz im Kollektiv gefunden haben? Furchtbar!!!

Heute lacht man darüber, aber anno 1971 konnte so ein Zeugniseintrag einen die Goldene Eins im Straßenverkehr kosten, mindestens aber die Teilnahme an den Ferienspielen – samt Manöver Schneeflocke – und den Goldenen Schneemann, womöglich für immer! Den Silbernen Schneemann konnte ich vielleicht gerade noch erwischen und an den neuen Jugendmode-Sonnenidee-Anorak heften, aber auch nur, weil ich über Kaugummitauschbilder verfügte. Seit geraumer Zeit hießen die bei uns nur noch Bubble Gum. Oma hatte unter Einsatz ihres Lebens die ganze Wildwestbubblegumkaugummitauschbilderserie beim Klassenfeind erworben und in den Osten geschmuggelt. Die komplette Karl-May-Serie plus Lex Barker. Karl May kehrte heim. Endlich! Und Sam Hawkins lag in Mathe immer unter meinem Lineal, nicht Chingachgook, die Große Schlange.

Es war eine Tatsache, dass meine Eltern kaum Zeit hatten, sich um mich zu kümmern. Sie waren mit dem Aufbau des Sozialismus beschäftigt und mit der Verteidigung der Heimat.

Das Gebot der Stunde lautete, das Vermächtnis von Karl Marx zu erfüllen und nicht das von Karl May, der zwar Sachse war, aber reichlich suspekt und gänzlich untauglich für die marxistisch-leninistische Bildung und Erziehung der Jugend.

Einmal, es war im Jahre 2009, überfiel mich plötzlich eine wundersame Anwandlung: Ich versuchte mir klarzumachen, warum mir Rosa Luxemburg so ans Herz, ins Herz gewachsen war. Stellen Sie sich vor: Einen friedlichen Samstagvormittag in Dresden, Frühsommer 1969, die Jahreszeit, da man schon Blumenkohl paniert, Salzkartoffeln in zerlassene Butter lässt, und ein Hinterhausdoppelfensterflügel steht weit offen. Küchengeruch mischt sich mit Lindenduft, und der letzte Düsenjäger lässt noch einmal die Scheiben klirren – und sie durften auch nur klirren in Friedenszeiten – im Krieg würden sie nämlich springen; also musste am Samstagvormittag noch einmal für den Weltfrieden geflogen werden. Und da, in diese Stimmung hinein, singt meine Mutter ein Lied mit, stimmt ein in ein Lied, welches aus dem Röhrenradio schallt:

»Auf, auf zum Kampf, zum Kampf! Zum Kampf sind wir geboren.

Auf, auf zum Kampf, zum Kampf! Zum Kampf sind wir bereit.

Dem Karl Liebknecht, dem haben wir's geschworen.

Der Rosa Luxemburg reichen wir die Hand.«

Dazu haut sie die Schnitzel im Rhythmus des Liedes, das heißt, mit jedem Paukenschlag kriegt das Schwein eins drüber.

Mutter singt, fröhlich, lachend, wie ich sie nur selten erlebt hab', eine beseelte hoffnungsfrohe Stimmung, ich mittendrin, Vater nicht da, Mutter ausgelassen, Butter ausgelassen, Herz ausgelassen, mehr kann man nicht auslassen.

Und nun wissen Sie, warum ich Rosa Luxemburg so verehre. Sie sorgte 1969 für Frieden in meinem Zuhause: Dresden-Trachauer Hinterhausfrieden. Mein Lieblingsessen bringe ich seitdem immer mit dieser tollen Stimmung in Verbindung. Es schmeckte gut, weil's mir gut ging. Wenn die Vorbereitung gut lief, schmeckte auch der Hauptgang. Meistens folgte nach dem herrlichen Mittagsmahl der Verdauungsschlaf, dem ich auch heute noch huldige.

Über dem Küchentisch hing ein Schild mit einem Spruch, auf dem zu lesen war: ... Doch dazu später.

Was heißt das, was hieß das, was da auf dem Schild stand, und kann der Sinn sich ändern?

Stichwort «Petersilie«: Meine Mutter drückte mir ein ganzes Bund dieses Krauts in die Hand und sagte: »Na, iss 's, iss gesund.« Ich saß da, fünf oder sechs Jahre alt, wollte gehorchen, und da ich zögerte, setzte meine Mutter nach: »Da ist Eisen drin, das brauchst du!«... Eisen? Ich saß da, biss in das Sträußchen, und mir ward, als biss ich in einen Blumenstrauß. So weit, so schlecht … Das Zeug wurde immer mehr und schmeckte, weil es gar so stachelte im Mund, wie Igel. Aber ja, ich denke mir nichts aus. Beißen Sie mal als 5-Jähriger in einen Blumenstrauß Petersilie! Ihre Mutter sagt noch, da sei Eisen drin. Dann beißen Sie auf Nadeln, Stacheln aus Eisen – eh – Igel. Furchtbar! Vorbei die Idylle … Und dann, den Mund voll Igel, wende ich meinen Kopf nach rechts, und ich weiß, was da steht über der gelben Ölsockelwand mit dem kasslerbraunen Strich: »Lerne Schweigen, ohne zu platzen!«

Ich war schlagartig zwei Jahre älter. Meine Mutter sah mich an, lachte aus vollem Halse und bedauerte, glaube ich, sowohl sich als auch mich. Mich, weil ich gar nichts mehr sagen konnte mit so viel Igel im Mund, und sich, weil sie das Wiegen hatte einsparen wollen, das Wiegen der Petersilie mit dem Wiegemesser, und ich hatte sie dabei ertappt.

Apropos »Wiegen«: Im Sächsischen heißen Buletten »Wiegebraten«. Und Mutters Wiegebraten schmeckte immer wie gebraten, und zwar sehr gut gebraten.

Geschichte besteht aus Geschichten. Je kleiner die Geschichten, desto mehr geben sie Auskunft über das Leben. Schon mit acht Jahren durfte ich nach Übsche. Übsche? Ja, das ist sächsisch und meint den Stadtteil Übigau. Aber so viel Zeit für die Wörter hatten wir Sachsen schon damals ne. Und so startete ich meist Samstag gegen 11 Uhr in Richtung Flutrinne, Oma entgegen, eben nach Übsche. Anders als im Märchen vom Rotkäppchen brauchte ich meistens nichts mitzunehmen, denn weder war meine Oma krank noch brauchte sie etwas. Meine Oma hatte alles: Gänsewein und Kuchen vom Naumann-Bäcker. Sogar Westgeld hatte sie, aber auch vorm Küchenfenster ein kleines Scherengitter, vor dem Topfdeckel tropfnass drapiert wurden, die jedem zum Fensterhochgucker verkündeten: Hier wohnt jemand. Poetischer: Hier wohnt die Schneeweißoma. »Schneeweiß«, so war ihr Name, das klingt.

Ich weiß. Und immer, wenn ich auf den Namen kam, wurde mir mit Stolz verkündet: »Wir sind keine Juden.« Was hieß das? Obwohl ich keinen einzigen Juden kannte, geschweige denn auch jemals danach gefragt hätte, war ich doch beunruhigt. Mit acht Jahren im Sozialismus hatte ich eine reflexartige Abneigung gegen solche Menschen. Diese Abneigung wurde mir quasi von Haus aus mitgegeben. Ich betone: damals, um falschen Schlüssen vorzubeugen.

Also der Reihe nach: Auch Kinder im Sozialismus spielten gerne, z. B. Gummitwist oder Ländermausen; auch brauchte ich manchmal Geld, und so verlegte ich mich aufs Wetten. »Wetten, dass Westautos schneller fahren als Trabi oder Wartburg?« »Wetten?« »Wetten tun die Juden, wenn sie Geld brauchen«, sagte meine Oma. Also so wie ich. Was war daran schlimm? War ich ein Jude, wenn ja, warum, und wie kam ich dazu? Auf jeden Fall wurde mir schlagartig klar: Wetten geht nicht. Wetten ist schlichtweg was Schlimmes.

Ehrlich: Ich versuche zu beschreiben, was damals in mir vorging. Die Erinnerung ist trügerisch, ich weiß. Auf jeden Fall aber wurden Juden in den frühen Jahren des Sozialismus immer mit Geld und Geldhandel gleichgesetzt, und obwohl ja der neue Mensch geformt, erzogen, ja geradezu erschaffen werden sollte, klang das alte Nazivokabular manchmal noch durch. Reflexartig. Kinder schnappen irgendetwas zu Hause auf und verbreiten und verkaufen es dann als ihr Eigenes. Wetten, dass es genau so abläuft? Wetten?

Seit 1980 habe ich diesen Satz auch nie mehr gehört. Den mit dem Geld meine ich. Nur jetzt beim Aufschreiben, beim Erinnern, ertappe ich mich, gerade an diesen Satz gedacht zu haben.

Amerikas ehemaliger oberster Währungshüter, Grünspan, hat jahrelang mit falschen Krediten jonglieren lassen. Natürlich hat er davon nichts gewusst. Wetten? Wetten, dass Westautos schneller fahren als Trabi oder Wartburg? Was meinen

Sie, ob ich wohl diese Wette damals gewonnen hätte? Und wenn ja, wie groß wäre dann mein Deutschland geworden beim Ländermausenspiel 1969 im sozialistischen Dresdner Übsche. Vergessen …

Vergessen aber ist nicht der Ausgangspunkt meiner Betrachtungen in Bezug auf Omas Scherengitter vorm Fenster. Denn nie vergesse ich die Zellophantüten, die ausgewaschen wurden und die ich dann zum Trocknen in die Frühlingssonne hängen durfte. Mit Plasteklammern. Und meistens waren es Milchtüten.

Und Spatzen gab's. Mein Gott, was gab es zum 20. Jahrestag der Republik für Spatzen! Weil es viel Dreck gab. Ohne Dreck keine Spatzen. Sie brauchten ebendiesen, um sich reinigen zu können. Zum 30. Jahrestag der Republik gab es noch mehr Dreck und noch mehr Spatzen, und es gab auch einen populären Reim, der zu fleißiger Arbeit zum Wohle der sozialistischen Heimat ermuntern und anspornen wollte:

»Fleißig, fleißig, fleißig!
Die DDR wird dreißig.«

… Die Spatzen hielten sich an diese Parole.

Und so saß ich denn am Küchenfenster und beobachtete, was draußen geschah. Oma rückte mir den gelben Stuhl ans Fenster. Ich bekam zwei Kissen, eins für die Knie und das gehäkelte für die Ellenbogen. »Das schont die Knochen.« »Und lehn dich ne' so weit raus und kippel ne, und wenn ich rufe, kommste rein, sonst gibt's keine Buchteln mit Familiensoße.« Das Fenster zur Welt stand auf in Dresden Übigau.

Da ja alles mit allem zusammenhängt, müsste eigentlich beim Erinnern an Übsche auch der Weg dorthin skizziert werden. »Skizziert« – auch so ein neumodisches Wort! Kostet auch gleich gefühlte drei Euro mehr, virtuellen Geldes möglichst. Ich bitte Sie, wer bezahlt denn heute im Zeitalter der Globalisierung noch mit echtem, also wirklich hartem Geld?

Alles ist weich. Alle sind Global Player, fast alle. Ich habe da meine Probleme. Ich verstehe mich als Lokalakteur, Provinzknaller, Dialekt liebender Eigenbrötler, der die Fantasie zum Atmen braucht und sie nötig hat wie Übigau die Flutrinne, um beim Thema zu bleiben.

»Und die Welt hebt an zu singen, triffst Du nur das Zauberwort«, ja, so heißt's bei Eichendorff. Diesen Romantikerspruch hab' ich mir ans Haus malen lassen, auf dass die Vorbeilaufenden ihren Kopf erheben zu dem Wort.

Sie merken schon, ich schweife ab. In der Schule hätte am Rand gestanden: »Beim Thema bleiben.«

Gott sei Dank sind wir nicht in der Schule. Die Gedanken sind frei, und wenn es denn nun synapsiert, muss ich mir auch Raum geben. Doch, … muss ich! Übrigens ist mir dieses Wörtlein geradewegs vom Hirn in die Feder gesprungen. »Synapsiert« –Was das heißt, meint oder gar bedeutet? Nun, ganz einfach: Laufen lassen, spielerisch die Welt, die Zeit, das Erinnern betrachten und der Fantasie Raum lassen, nichts erklären, ungeordnet es fügen, damit es ein Bild ergebe. Neugierig bleiben auf den eigenen Heiligen Geist. Das ist für mich Lebensquell männlichen (Entschuldigung: auch weiblichen) menschlichen Daseins, um mal hochtrabend meinen gedanklichen Jacobsweg zu skizzieren.

Nichts fürchten die so genannten Mächtigen der Welt, die Verwalter der Gier, so sehr wie spielerischen Umgang des Geistes, Gier in seiner schönsten Form: Neugier.

Was ist denn nun das Thema dieses Buches? Das 250-ste Buch über die Wende, meine Erinnerungen an den »Kehre«herbst? … »Herr Steimle, wie haben Sie das damals erlebt in der ehemaligen …?« … Gähn, gähn, gähn … »Vielleicht könnten wir ein Kolloquium machen mit Ihnen persönlich oder eine Art Workshop – wie der Franzose sagt.« »Herr, lass es vorübergehen!«

Was bin ich froh, nur eigenem Antrieb folgen zu dürfen. Nein, bitte mir zu glauben, es ist keine Koketterie, mich »Diesem« verweigern dürfen zu können. Das Thema ist doch nicht biografisches Abhandeln meines Lebens, möglichst noch der Reihe nach, sondern ...

Nein, das verrate ich nicht, was ich bezwecken möchte. Die dümmste aller Fragen ist sowieso: »Was wollte der Dichter uns damit sagen?« Find's raus, oder lass es bleiben!

Nur langweilig sollte es nicht sein, das aufgeschriebene Wort der Erinnerung, die ja immer auch etwas mit der Gegenwart zu tun hat.

Das Gehirn kennt keine Pause, nur der Geist darf im Schlaf die Welt neu sortieren. Komisch, im Traum ist alles logisch. Immer. Da stimmt die Welt. Und neulich nachts, es ging in meinem Traum um Biathlon – also schnell schießen, wegrennen – da ist es mir doch tatsächlich passiert, dass sich Hauff & Henkler in meinen Traum einschlichen. Ja, mit ihrem Erfolgstitel:

»Das war ein Meisterschuss, wenn man auch sagen muss:
Bei aller Jägerei, ein bisschen Glück ist immer dabei.«

Jemand, der hier nicht gelebt hat, also in der ehemaligen ... so genannten ... also der, die es mal gegeben hat, ... ha'm soll ... weiß in diesem Moment vielleicht gar nicht, von welchem Meisterschuss hier die Rede ist. Und das ist auch gut so. Unser Ziel könnte ohnehin sein, irgendwann so zu reden, dass uns gar niemand mehr versteht.

Und damit meine ich vor allem unseren wunderbar weichen Weltstadtdialekt: feines Dresdner Sächsisch. Das gibt es nicht in Hongkong oder Schanghai, nicht in Bonn oder Berlin, das gibt es nur hier bei uns in Dresden. Dialekt ist Heimat, ist das Erste, was ich gelernt habe, noch vor Schuhe zubinden, also Schleifemachen, und vor Russisch, und vor allem – sehr wichtig – was ich ganz nebenbei, spielerisch und en passant, wie die Passanten sagen, gelernt habe.

Leicht war er, der Dialekt, ist er, vor allem leicht. Alles, was schwerfällt, müsste sowieso verboten werden.

Worte sterben aus, wenn sie nicht gesprochen werden ... Ja, wer kennt denn heute noch das wunderschöne Wort »dorwieren«, also quasi »gängeln« oder »itzsch« (merkwürdig), »urst« (toll) oder »schnobern«? Sie wissen nicht, was »schnobern« ist? Darunter versteht man das Aufspüren begehrenswerter Sachen zum Zwecke der Aneignung, ohne dass der Betroffene merkt, dass ihm etwas fehlt. Ja, ja: Eine feine Dresdner Umschreibung für intelligentes Klauen.

In meinem konkreten Fall ging es um Emailleschilder, die ich als junger Mann schnobern ging. Dresden war ja bis 45 die reichste Stadt Deutschlands. Ja, ja! Deswegen gab es so viele Reklameschilder, sprich Werbeträger, und Dresdner Emailleschilder sind für einen Sammler der Oberknaller: Rügerhansi, Chlorodontfrau, Pfundsmolkerei, Braune-Brotfabrik, Ernemann-Kamera. Noch heute habe ich allerbeste Erinnerungen an die vielen Male, wenn ich losstiefelte zum Abschnobern. Einmal, ich hatte drei, vier Stunden »persönliche« Freizeit, war 22 Jahre alt und ging am Zelleschen Weg, wo heute die Landesbibliothek steht, »schauen«, denn in den Gärten, so hatte ich gehört, waren nach dem Krieg alte Emailleschilder als Komposthaufeneinfassungen verwendet worden. Ich lief also schon zwei oder drei Stunden durchs Kleinspartenidyll à la DDR. Irgendwann wird das Auge müde. Doch dann: Was war das? Ein Turbangesicht blinzelte kalt, und dann dieses Blau! Farben waren das! Ich erschrak. Einmal ob des Muselmanenkindergesichts und dann ob der Leuchtkraft der Farben. Was hatten solche Farben im Sozialismus zu suchen? An Terroristen war nicht zu denken, so was gab es bei uns nicht. Höchstens Widerstandskämpfer oder Patrioten, aber eben keine ... Was stand auf dem Schild? »Greiling«. Nie gehört! Wahrscheinlich auch so ein Wort, was schon ausgestorben war. »Greiling« – eine Art Dekoschild, Werbung für Zigaretten, wie sich später herausstellte. Mit kobaltblauen Tropfenaugen und einem quietschigen Quittegelb, von dem ich auch nicht weiß, wie es ausgerechnet nach Dresden kam.

Wenn man einer Sache wirklich verfallen ist, dann erfährt diese zu jeder Geschichte immer noch eine und noch eine, wie eine Zwiebel, die sich häutet, und hinter der siebten Schale wartet dann keine Träne mehr. Es ist ein Weinen vor Glück, weil Sie endlich zum Kern der Materie vorgestoßen sind.

In meinem konkreten Fall erfuhr ich später, dass eben dieses Kobaltblau heute nicht mehr hergestellt werden kann. Ist das nicht genial? Unglaublich? Die Menschen fliegen zum Mond, bekehren Nano und Atom, aber wie dieses spezielle Emaillekobaltblau angerührt werden könnte, bleibt Konjunktiv.

Ach, was jetzt kommt, gefällt mir: Zum Zeitpunkt des Aufschnoberns wusste ich natürlich noch nichts von alledem. Wie sollte ich auch ahnen, dass nicht ein Greiling meiner harrte, sondern drei, zwei davon in aller-allerbestem Zustand. Also gut: Zustand 2 Plus. Aber, ich bitte Sie, für ein Schild aus dem Jahre 1920 – ein Traum! Bombenangriff auch noch überlebt, also nicht geschmolzen. »Motiv ohne Knaller«, wie es im Fachjargon heißt. Meistens sind bei solchen Schildern, wenn man sie denn findet, Abplatzungen im Gesicht, weil Kinder diese Schilder zum Zielscheibenwerfen benutzt hatten. Aber nein – nix da, diesmal war es ein Volltreffer!! Es war für mich auch ein materielles Glück, denn ein Greiling brachte locker 400 Ostmark. Als Student hatte ich damals monatlich 290 DDR-Mark zur Verfügung, und ich hatte drei Greiling gefunden! An einem Nachmittag verdiente ich mehr als vier Monatsstipendien, da durfte es dann auch des Abends eine Flasche MFTW mehr sein. Mehrfruchttischwein. 2,75 Mark der DDR.

Später, als ich anfing, mit Schauspielerei Geld zu verdienen, kaufte ich mir Stück für Stück meine gesammelten und dann veräußerten Jugendschätze zurück. So wurde aus einem Traum Materie. Und dieser materielle Traum wurde wahr. Über den Rückkaufpreis eines Sammlerstücks wird hier vornehm geschwiegen. Schließlich grenzt es an ein Wunder, dass eben dieser eine Greiling mit einem kleinen Einschluss unter dem Auge wieder in meine Hände gelangte. Ich glaube ja nicht an Zufälle, aber mein Kompost-Greiling kehrte nach einer Odyssee von Dresden über Frankfurt am Main nach Jahren wieder zu mir zurück.

Sammler sind bekanntermaßen nicht ganz zurechnungsfähig, und meist ist es die Geschichte, die daran hängt, weswegen man ein Sammelstück, und genau dieses, besonders liebt, zum Beispiel dieses Emailleschild aus Dresden, welches kündet von meiner einstmals reichen Stadt, die das Zentrum der Zigarettenindustrie darstellte. Die es sich leisten konnte, einzigartige Werbeträger fertigen zu lassen, welche in meinem Falle auch noch den Krieg unbeschadet überstanden und ihre Nützlichkeit in Form von Komposteinfassungen manifestierten. Kurz: die nicht totzukriegen sind.

Die Daseinsstationen meines Greilings waren demnach: Werbeträger, Gebrauchsgegenstand, Kunstobjekt. Man muss nur lange genug altmodisch sein, dann ist man irgendwann wieder ganz modern. Geduld heißt hier das Zauberwort: Das Harren, Ausharren mit dem Glauben an langfristige Vorgänge, letztlich nicht erklärbar.

Bleibt mir nur noch nachzutragen, dass diese Geschichte sich im Jahre 1984 abspielte.

Was mir erst im Nachhinein klar wurde: Indem ich den Greiling in Geld umsetzte und dieses wiederum in MFTW, trug ich zum kulturellen Ausverkauf der DDR bei, denn diese Sammelobjekte verließen ja meine Heimat in Richtung BRD. Aber ich wusste schon damals: Eines Tages hol' ich mir's zurück, meinen göttlichen Greiling und meine Geschichte.

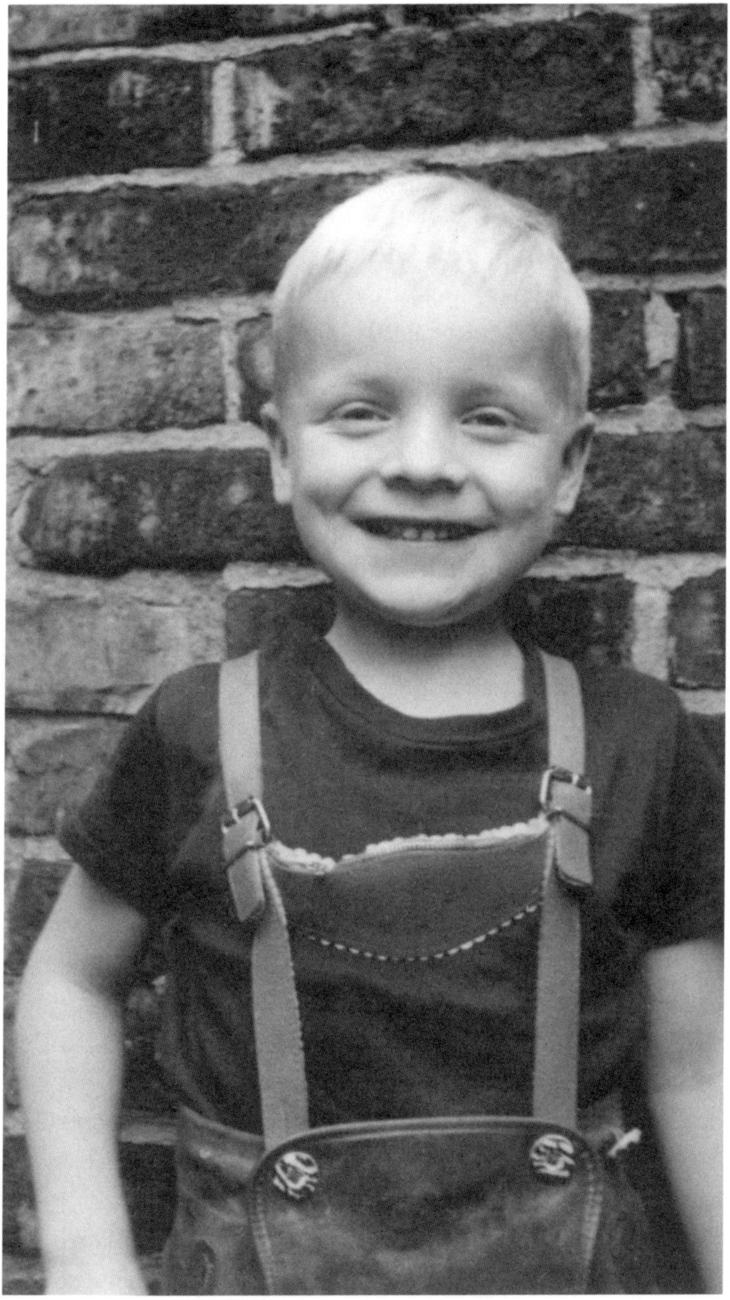

Meine liebste Weihnachtsgeschichte

Im Jahre 1970 wurde Heiligabend noch bis Mittag gearbeitet. Auch meine Eltern mussten das, sodass ich allein zu Hause war. Wir feuerten damals Öfen an, mit Holz und Kohle, und in der Früh' war es doch empfindlich kalt zu Hause. Deshalb hatte meine Mutti nicht vergessen, wenigstens die Küche anzuheizen, also den Küchenofen. Sie verließ um 5 Uhr unsere Wohnung in Dresden und arbeitete in der Kartonage des Volkseigenen Betriebes Polypack, das heißt, sie falzte Pappkartonverpackung für Telläpfel aus Schokolade, die ausschließlich für den Export bestimmt waren.

Weihnachten war auch bei uns zu Hause das Fest der Freude und des Lichtes, auch wenn dabei nicht an den Stern zu Bethlehem und die Geburt des Jesuskindes gedacht wurde.

Würden sich meine Eltern nicht freuen, wenn mittags schon der Stubenofen warm war? Tja, damals gab es noch keine Fernwärme, schon gar nicht im ersten Hinterhaus; deshalb musste jeder Ofen einzeln angefeuert werden … Es sei denn, man transportierte die Glut von der Küche über den Flur, in die Stube. Gesagt, getan!

Natürlich wusste ich um das strengste Feuerverbot, und offenes Licht in Glutform ging schon gar nicht. »Doch, das ging«, dachte ich. Schließlich war ich ja schon groß. Was heißt groß? Ich war sieben. Also los: Ich öffnete die Ofentür vom Glutos-Beistellherd, belud mein Schäufelchen mit frischer Kohlenglut und hatte schon den Flur erreicht – da passierte es: Ich stolperte über die Schwelle … Noch heute stockt mir der Atem, wenn ich an das Malheur denke, zumal ich ja belehrt worden war.

Glut auf dem Kokosläufer, nicht viel, aber Glut. Doch wie durch ein Wunder – genau im Muster des Teppichs, sodass nichts weiter auffiel … auf den ersten Blick. Was konnte ich jetzt noch tun? Geschult durch »Werken«, fiel mir der Staubsauger ein, um alle Brandspuren zu beseitigen.

Ich weiß, was Sie jetzt denken, aber, und das ist für mich bis heute Wunder Nummer zwei: Es ist nichts dergleichen passiert. Kein Feuerstrahl verließ den Omega-Staubsauger hinten heraus, kein Kurzschluss brachte mich um mein kurzes Leben. Nur der Staubsaugersack war angebrannt oder sagen wir mal, durchlöchert.

Der Ofen konnte dann meinerseits fertig bestückt werden; die Restglut machte bald ein ordentliches Feuer, und als ich mittags stolz meinen ersten selbst gefeuerten Ofen präsentierte und das Weihnachtsabenteuer ausführlich erzählen musste, da lachten meine Eltern und weinten gleichzeitig.

Dann endlich kam der Weihnachtsmann. Ich sollte ein Lied vorsingen. »Ja, ja, das kann ich«, sagte ich. Als er mich aber fragte, ob ich denn auch immer schön brav war, da platzte ich statt einer Antwort mit dem Weihnachtslied heraus, und ich schmetterte vor lauter Aufregung aus voller Kehle ein Lied, das ich bis heute nicht vergessen habe, und mein »Weihnachtslied« ging so:

»Was müssen das für Bäume sein, wo die großen Elefanten spazieren gehn, ohne sich zu stoßen.

Links stehn Bäume, rechts stehn Bäume,
in der Mitte Zwischenräume …«

Ja, ja, wie sagt der olle Lessing? »Eigene Erfahrung ist Weisheit.«

Und nun wissen Sie auch, warum für mich Weihnachten immer das Fest der Freude und des Lichtes ist.

Meine liebste Weihnachtsgeschichte? … Ich blieb am Leben.

PS: Ach so, was mir der Weihnachtsmann brachte? … Eine Holzfeuerwehr.

Uwe rettet die Familie

Und es ward wieder ein Sonnabend, und es war wieder Zeit. »Zeit nur für mich«, dachte ich.

Die Eltern hatten sich wie immer am Sonnabend nach dem Mittagessen zum Ausruhen hingelegt. Ein Verdauungsschläfchen war auch in der »Systemzeit« unverdächtig – heute würde ich sogar sagen: systemrelevant. Ja, denn die Zauberformel im Sozialismus hieß: »Privat geht vor Katastrophe.«

Und dazu wäre es beinahe gekommen an diesem Samstag im Jahre 1968, hätte meine Wachsamkeit uns Steimles nicht vor einem Schwelbrand gerettet, der aus der Küche herüberzog, beziehungsweise herüberziehen wollte, woran ich ihn noch rechtzeitig hindern konnte.

Aber der Reihe nach:

Mit fünf Jahren hatte man Mittagsschlaf zu halten. Das galt auch für mich. Mindestens eine halbe Stunde. »Danach kannst du aufstehen«, belehrte mich Mutti. »Aber keine Dummheiten machen, Lommel, hörst du, und kein Feuer, nirgends!«

»Aber nein, könnt euch drauf verlassen.«

Und so lag ich hinter dem Schlafstubenschrank, der das mir zugedachte Reich von dem Reich meiner Eltern abtrennte. Ein eigenes Kinderzimmer hatte ich nicht, das hatten die wenigsten Kinder, schon gar nicht die 5-Jährigen.

Auf den sechs Quadratmetern, die ich mein Eigen nennen durfte, musste ich nun 30 Minuten ausharren.

Doch schon nach 20 Minuten zog es mich in die Vertikale. Ich konnte nicht mehr »ausruhen«, geschweige denn schlafen.

Leise schlich ich mich hinter meiner schützenden Mauer, dem großen Schlafstubenschrank, hervor, und tatsächlich: beide Elternteile schliefen noch fest. So konnte ich auf den

Bettvorleger springen, denn nur der konnte verdächtige Geräusche, wie Dielenknarren, mustergültig abfedern. Ich hielt die Luft an.

Vati drehte sich in meine Richtung, und wie ein Räuberdieb starrte ich gebannt auf den Vater und auf die rostig-kalte Türklinke, die mein Nahziel war, aber immer noch 25 cm weit von mir entfernt, und in diesem Moment schien sie mir unerreichbar.

Hätte ich nicht noch zehn Minuten in meinem Kinderklappbett dunseln können, um dann ganz legitim und offiziell aus der Kammer zu marschieren? Zehn Minuten mehr … einfach liegen bleiben …

Wer zu früh aufsteht, den bestraft das Leben. Der muss gleich wieder ins Bett. Muss noch mal 20 Minuten länger schlafen. Ja, schlafen müssen, das ist für einen 5-Jährigen eine Strafe! Ich war doch aufgeweckt, ich wollte was erleben.

Wenn ich mir heute im Nachhinein überlege, wie es der Familie womöglich hätte ergehen können, wenn ich brav liegen geblieben und nicht aufgestanden wäre vor meiner Zeit, um in der Küche zu spielen! ...

Ich glaube, nur mein Ungehorsam rettete die Familie vor dem sicheren Feuertod.

Sie wollen wissen, was passiert war?

Langsam, ich bin ja noch nicht einmal in der Küche, von wo es schon merkwürdig, irgendwie angebrannt, roch. Schließlich schaffte ich es dorthin, und was sah ich?

Auf dem Herd stand unser großer grüner Emailletopf, aus dem es wabberte. Weißbräunlicher Rauch in dichten Schwaden drückte sich unter dem Deckel ins Freie. Instinktiv durchfuhr es mich: »Waschhausküche!« … Nur, hier fehlte das Wasser!

Mutti hatte die kleine Wäsche zum Kochen auf den Herd gesetzt. Eine Waschmaschine hatten wir nicht; die große Wäsche wurde im Waschhauskessel gekocht, und die kleine sollte nun wie immer im Emailletopf auf dem Herd kochen.

Nun hatte meine Mutti aber vergessen, vor der Mittagsruhe die Schlüpfer, die im Topf waren, noch einmal ordentlich mit Wasser zu begießen, sodass aus diesem Grunde alle Leibwäsche buchstäblich …

Um es kurz zu machen: Bei uns zu Hause waren die Schlüpfer angebrannt! Den Anblick werde ich nicht vergessen: Ein Haufen ineinander verbackener Baumwollunterhosen präsentierte sich beim Lüften des Deckels, und durch beißenden Qualm hindurch ließ sich nur noch erahnen, welche Unterhosen vormals zu welchem Familienmitglied gehört haben könnten. Ich muss allerdings dazusagen, dass ich in diesem Moment auch nicht versuchte, das herauszufinden.

Ich war ein Topfspion wider Willen, und was ich erspähte, war: Ein Scheiterhaufen.

Die Schlüpfer der Familie Steimle waren gescheitert, im Kochtopf – mangels Wasser – gescheitert.

Sofort leitete ich die Rettungsaktion ein:

»Muddi, die Schlübber sin angebrannt!«, schrie ich. Und ich goss einen Topf Wasser auf den gescheiterten Schlüpferhaufen, genauso wie ich es oft bei Mutti gesehen hatte.

Die Küche war nun vollends eingenebelt, und schon hörte ich einen Schrei aus dem Schlafzimmer:

»Uwe, was hast du nur wieder angestellt? Habe ich dir nicht verboten zu kokeln?! Wo steckst du denn?«

»Na, in der Küche.«

»Was, in der Küche? Das is doch wie im Waschhaus hier. Änne Demse wie am Äquator! Was hast du nur wieder gemacht?«

»Wieso denn ich, dir sin doch die Schlübber angebrannt.«

Mit letzter Kraft stieß ich den tschechengrünen Schlüpfertopf vom Feuerloch. Gerettet! Und Mutti? Die beruhigte sich allmählich, und dann lachte und lachte sie, und nachdem sie in der Äquatordemse die Weite Sumatras erreicht hatte, also mich, floh sie in meine Arme und kicherte in einem fort rüber in die Schlafstube:

»Karl Heinz, der Lommel hat uns das Leben gerettet.«

Mein Vati, noch schlaftrunken: »Was, wo brennt's denn?«

»Ob du's globst oder nicht, deine Schlübber sin angebrannt!«

Vati war immer schuld, wenn ich's nicht war. Dieses Mal wurden wir beide freigesprochen. Mutti nahm ohne Widerspruch die alleinige Schuld auf sich.

Und ich wurde ausgezeichnet als jüngster Feuerwehrmann, mit einem Foto vor der entfalteten Truppenfahne … Nein, nein, das war jetzt geflunkert!

Der jüngste Feuerwehrmann aus Dresden-Trachau bekam noch am selben Nachmittag einen extragroßen Eisbecher »Pittiplatsch« mit Schirmchen und echter Schlagsahne.

Der Shop

Es fällt mir nicht leicht, über meine Intershop-Erfahrung zu berichten, und Sie werden gleich wissen, warum das so ist. Ich erröte vor Scham, und Reue plagt mich, wenn ich an mein unwürdiges Verhalten denke, das in hohem Maße gegen die Gebote der sozialistischen Moral und Ethik verstieß.

Ich weiß gar nicht mehr, wer auf die Idee kam, vorm Intershop zu betteln. Allein war ich nicht, da bin ich mir sicher. Aber selbst wenn mir der Name noch einfiele – und er fällt mir doch tatsächlich in diesem Moment wieder ein – gilt es, diesen Zeitgenossen, besser Zeitzeugen, zu schützen, auch, und gerade heute, nach nunmehr 37 Jahren. Denn keiner weiß, mit welchen Schwierigkeiten demnächst noch zu rechnen ist, jetzt, da die Systemkrise immer offensichtlicher wird.

Es war in der 6. Klasse, als wir mit unseren zwölf Jahren vor dem Motel Dresden herumlungerten. Direkt vor dem Eingang, nur zu passieren mit heiligen Scheinen, blockierten wir scheinheilig im Schneidersitz den Shop, wie er kurz und treffend hieß. Der Westen war schon damals englisch, genauer gesagt, amerikanisch, besetzt. Im wahrsten Sinn des Wortes.

Und so war denn im Dresdner Motel kein Laden, kein Geschäft oder gar eine »Kaufhalle«. Nein, dort war der »Shop«.

Wenn DDR-Bürger in den Shop gingen, dann taten sie es damals noch nicht, um zu »shoppen«; es ging ihnen vielmehr darum, begehrenswerte Dinge zu kaufen. Erst nach 1989 wurde dann »geshoppt« bzw. »geschoppt«, im Supermarkt, im Shopping Center und neuerdings auch im Backshop. (Bei diesem könnte ein Engländer arg ins Grübeln geraten, sollte er versuchen, hinter die Bedeutung des Wortes zu kommen.)

Wir haben es ja in jüngster Zeit bei der Vergewaltigung

und Vermeidung unserer Muttersprache sehr weit gebracht, »herrlich weit«, um es mit Goethe zu sagen, dem die Muttersprache lieb und teuer war. Heutzutage schoppen wir nicht nur, nein:

Wir jobben und mobben, toppen und floppen,
brunchen und lunchen, chillen und killen,
sailen und mailen, zippen und strippen,
joggen und bloggen, stalken und walken
und talken und talken und talken …

Egal, ob im Smalltalk oder bei Talkshows, aber in jedem Fall ohne Gnade für unsere Muttersprache.

Und wenn wir wie wild getalkt, gechattet, gebrainstormt, downgeloadet, getwittert, ge-e-mailt, designt, performt, gecastet, gecancelt, upgecyclet und outgesourct haben und unter Umständen dabei nicht in ausreichendem Maße mental gepusht, gecoacht und promotet wurden, dann sind wir letztendlich ausgepowert. Dann sind wir ausgeburnt, und der Psychiater kann nach einem Check unserer Psyche nur noch: »Birne aus!« diagnostizieren und uns Relaxen, Relaxen und nochmals Relaxen und vor allem viel Ruhe, viel, viel Ruhe verordnen.

Was klingt schöner für Ihr Ohr: »Ich war glücklich.« Oder: »Ich war happy.«?

Sie lieben die deutsche Sprache? »Outen« Sie sich ruhig, bekennen Sie sich zu diesem Luxus! Aber Sie haben keine Chance, dass man Sie ernst nimmt. Verständlichkeit der Sprache? Outgesourct! Duden? Ist zur Zeit ratlos und hoffnungslos überfordert.

Aber zurück zum Thema:

Wir saßen also vor dem Shop, um die Bürger mit den heiligen Scheinen um Geld anzubetteln, für einmal Tic Tac und später, das sei zu unserer Ehrenrettung gesagt, auch für die UZ. »Unsere Zeit«, so hieß die Zeitung der Kommunistischen Partei der BRD, aus der man vom Leben der aufrechten Menschen und von ihrem heldenhaften Kampf gegen die Ausbeutung erfuhr.

Die Bürger aus der BRD gaben uns 50 Pfennige, manche auch 2 Mark, und alle waren freundlich, elegant und auffallend gut riechend.

Gut riechend, aber ausgebeutet. Wie passte diese Tatsache in die marxistische Theorie von der Natur der Widersprüche? War das ein antagonistischer oder ein nichtantagonistischer Widerspruch? Diese Widerspruchsformel – war sie lösbar oder unlösbar?

Der Widerspruch meines unmoralischen Verhaltens zu den Ansichten meiner Eltern und zu den Erwartungen, die an sie gestellt wurden, war hingegen eindeutig ein antagonistischer, also ein ganz und gar unversöhnlicher Widerspruch. Meine Eltern waren beide in der Partei, und als Mindeststrafe hätte sie ein Parteiverfahren erwartet, wenn meine schändlichen Taten ans Licht gekommen wären.

Meine Eltern durften auch nichts von meinen Träumen wissen, die mich in das Wunderland, das Westen hieß, entführten und mir allerlei Unglaubliches vorgaukelten. Sagenumwoben und fern erschien mir damals der Westen, und markant war dieser unsagbare, unnachahmliche, unwiederbringbare Geruch.

Ein Geruch wie, na, wie Westen eben, wie wir ihn uns vorstellten.

Es gab kein Westfernsehen für mich. Beide Eltern in der Partei, wie gesagt. Dazu kam strafverschärfend, dass wir in Dresden lebten, im »Tal der Ahnungslosen«, wo das Westfernsehen aus empfangstechnischen Gründen stark behindert beziehungsweise ganz und gar unmöglich war.

Ich bin mir heute sicher: Der Westen hat mich mit seinem Duft betört, eingekesselt und zermürbt. Mit der chemischen Keule der Wohlgerüche sollten wir willenlos gemacht werden.

Hätte mein Vater denn damals nichts gegen diese perfide Art der Kriegsführung unternehmen können? Er war doch bei den chemischen Truppen! Aber nein, Vati kämpfte im »Manöver Waffenbrüderschaft« für den Frieden. Weit weg an der polnischen Grenze, und wer weiß, wie es da roch?! Und wenn Vati zu Besuch nach Hause kam, alle vier Wochen – wie das schon klingt: der Vater kam zu Besuch nach Hause – dann jedenfalls wurde ich eindringlich vor dem Klassenfeind gewarnt.

Meine Vorstellungen vom Westen waren also sehr verschwommen und verklärt. Ich besaß besagte Kaugummibilder, hatte spätbürgerliches Gedankengut, sprich Hermann Hesse und Stefan Zweig, auf Nimmerwiederbringen aus der Bibliothek ausgeliehen, und das war's. Viel Hörensagen kam dazu. Aber ein Bild, ein Abbild vom Westen, hatte ich nicht, nur den Geruch. Und was war das für ein Geruch! Oh ja, bitte alle mal mitriechen, hinein ins Kostbarste aller Erinnerungen!

Stammesgeschichtlich gesehen sind wir Ostler auch hier im Vorteil. Klar: Not macht erfinderisch. Und Zwang macht frei. Ganz zwangfrei reise ich nun in meinen aller-allerhintersten Stirnlappen und rieche … Fa!! Ja, Fa, nicht Anti-fa. Nur Fa, dazu Jacobs Kaffee. Sie unterliegen doch auch noch dem reißerischen Vergleich: »Jacobs?« – »Die Krönung!« »Rondo?« – »Der Gipfel!«

Wir schweifen nicht ab vom Meer der konzentrierten Gerüche, sondern bündeln sie nur: Fa-Seife, Jacobs-Kaffee, dazu eine Prise Persil, Hitschler-Kaugummis, My Irish Moos, heute Armeleuteparfüm, damals, 1976 im Shop vom Motel Dresden, der Inbegriff des perfekten Westgeschnuppers.

Diesen Cocktail sich bitte vor die Nase haltend, reisen Sie mit mir noch einmal zurück in das Reich der Erinnerung. Denn es freut mich, entzückt und beglückt mich ungemein, feststellen zu dürfen, dass da noch etwas ganz Entscheidendes fehlt in der Geruchserinnerungsphilosophie: der Vergleich!

Den Osten, die »Zone«, habe ich erst nach der so genannten Wende errochen. Gewissermaßen im Umkehrschluss. Passen Sie auf! ... Warten Sie, ich erklär' es Ihnen: Wenn heute ein Wartburg, ein feiner Zweitakter, vor Ihnen herfährt, über den sich nur ewig Gestrige, immer irgendwie stehen gebliebene Alte, meckernd erregen – diesen einmaligen 312-er oder 311-er riechen Sie noch 10 Meter unter Wasser. Nach Tausenden und Abertausenden Zweitaktern roch damals das Land, bis wir nichts mehr rochen. Dann kam der Westen, den rochen wir wieder. Heute riecht das ganze Land nach Shop, nichts Besonderes mehr, aber einen Wartburg, den riechen wir wieder unter allem Gestank heraus. Merke: Auch die Nase braucht mal 'ne Pause. Vielleicht musste deshalb 1989 etwas Neues her. Wir hatten uns sattgerochen. Mal sehen, wie lange das hier wieder dauert, bis wir es nicht mehr riechen können …

Das Gedächtnis sollten wir aber unter keinen Umständen verlieren, und eines dürfen wir nicht zulassen: Das Vergessen. Das wusste schon Kästner, Erich Kästner – auch Dresdner:

»Die Erinnerung ist eine mysteriöse Macht und bildet die Menschen um.

Wer das, was gut war, vergisst, wird böse.

Wer das, was schlecht war, vergisst, wird dumm.«

Von der Nase und einer Lebenslektion

»Mein Gott, welche Rolle doch der Geruchssinn spielt im Leben«, denke ich beim Aufschreiben meiner kleinen großen Kindheit. Was wäre, wenn ich ander(e)s gerochen hätte? ... »Da musst du erst mal reinriechen«, hörte ich oft und nicht ohne Drohgebärde von Vertretern der Arbeiterklasse und der übrigen werktätigen Bevölkerung. Sie wollten mir mit diesen Worten demonstrieren, dass ihre eigene Geruchserfahrung der meinigen weit überlegen war.

Unsere deutsche Sprache drückt in reichem Maße die vielfältigen Fähigkeiten und Möglichkeiten der Nase aus. Bei der Findung von Beispielen dafür hat mir die Unterrichtsvorbereitung einer Deutschlehrerin, die in diesem Buch nicht namentlich genannt werden möchte, gute Dienste geleistet. Nun martert mich aber mein Gewissen, und ich bin arg im Zweifel, ob man mir diese Nutzung fremden Eigentums ungestraft durchgehen lässt. Denn allzu warnend steht mir noch die Causa Karl Theodor .... (jeder Punkt für einen weiteren Vornamen) zu Guttenberg vor Augen. Sie wissen schon, die erschröckliche Geschichte vom Freiherrn, der Plagiat beging und keine Reue zeigte und nicht Buße tun wollte und wie er am Ende seinen gestohlenen Dr. verlor.

Na, in dieser Hinsicht wenigstens kann mir ja nichts passieren.

Nun zum Thema: Erstaunlich ist es schon, was unsere Nase vermag und für wie viele Lebenssituationen sie herhalten muss:

Wir können »den Braten riechen« und seit dem Herbst 1989 auch den »Duft der weiten Welt«. Wenn Sie nach Übigau wollen, wo ja meine Schneeweiß-Oma wohnte, dann gehen Sie von Trachau aus am besten zielstrebig und schnurstracks »der Nase nach«, aber zügig müssen Sie gehen und nicht »alle naselang« pausieren.

Es gereicht Ihnen zum Vorteil, wenn Sie »eine Nase haben« für das eine oder andere, man weiß ja nie … Wie es auch sehr löblich ist, wenn Sie immer »die Nase vorn haben«. Sie sollten aber nicht Ihre »Nase überall hineinstecken« – bei anderen Leuten finden Sie diese Form der Nasenverwendung doch auch sehr ärgerlich.

Wenn wir jemandem »an der Nase ansehen«, dass da was nicht stimmt, dann können wir den Ertappten unter Umständen in Verlegenheit bringen, aber das gelingt uns in der Regel nur noch bei dem einen oder anderen kleinen »Naseweis«, und auch da nicht mehr allzu oft.

Und wenn die Gören pubertieren, dann muss man ihnen jedes Wort »aus der Nase ziehen«. (Warum eigentlich nicht aus dem Mund?)

Es kann uns schlecht ergehen mit der Nase, so wenn wir uns »eine blutige Nase holen«, wenn wir » auf die Nase fallen«, zum Beispiel mit der Gründung einer Ich-AG oder »an der Nase herumgeführt werden« oder wenn Ihnen, weil Sie wieder mal zu lange geschlafen haben, die Züge »vor der Nase abfahren«.

Mephisto, diese »Spottgeburt von Dreck und Feuer«, quälte den in Gretchen verliebten Faust nasebezogen auf böseste Weise, wenn er ihm sagte: «Ein Mägdelein nasführet dich!« »Nasführen« für » an der Nase herumführen« – steht sogar im Duden.

Wurde Faust genasführt? Nicht wirklich, um es im aktuellen Sprachgebrauch auszudrücken. In keinster Weise hat Gretchen den Faust genasführt. Das arme Ding meinte es nämlich zutiefst ehrlich und ernst mit ihm, doch wie schwer musste es dafür büßen!

Aber Gretchens Mutter, da hatte Mephisto nun Recht, die »schnuffelte« (ohne Umlaut) immer in ihrem Gebetbuch und sah oder roch den Dingen sofort an, ob sie »heilig oder profan« waren. Auch sie nahm ja ein schlimmes Ende, wofür Mephisto teuflischst gesorgt hatte.

Kennen Sie übrigens das Wort »schnofeln« in der Bedeutung »durch die Nase sprechen«, also »näseln«?

»Hochnäsig« sieht man gewisse Leute »die Nase rümpfen«, mit der sie dann noch obendrein in unseren Akten »schnüffeln« bzw. »schnuffeln«. Na ja, »das stinkt uns an«, und ich glaube, dass Sie davon wie auch von vielen anderen Dingen in der Bundesrepublik zu Recht »die Nase voll haben«, und da das vielleicht auch auf die geballte Ladung der aufgeführten Nasenfälle zutrifft, machen wir jetzt erst einmal Schluss mit der Nasenidio...matik.

Wir wollen aber nicht die Tatsache unberücksichtigt lassen, dass die Nase Geist besitzt, und zwar mal mehr, mal weniger. Angela Merkel kann sich glücklich schätzen, denn bei ihr trifft Ersteres zu. Modezar Lagerfeld weiß nicht ohne Begeisterung zu berichten, dass Merkels Haarfarbe und Frisur ein Lob verdienen, und immer richtig sind »für ihre hübschen blauen Augen und die geistreiche Spitznase.« Das ist ein Segen für Angela Merkel und eine Auszeichnung dazu.

Dabei sollten wir aber die nicht vergessen, und das betrifft sicherlich viele ihrer Kollegen und Untertanen, die mit einer geistlosen Rundnase durchs Leben gehen müssen, blauäugig sicher in vielen Fällen, aber schwer gestraft mit einer Nase ohne Geist.

Übrigens gibt es für die Nase und ihre diversen Formen noch andere schmeichelnde oder wenig schmeichelnde Bezeichnungen: »Zinken« fällt mir ein … »Näschen«, oft in Form eines »Stupsnäschens« … »Knolle« ... »Hakennase« … Die Bezeichnungen für die Formenvielfalt führt uns nicht selten in das Reich der Ornithologie. Finden Sie mindestens zwei Beispiele! …? Wie wäre es mit »Hakengimpel« oder »Geierjunges«?

Die Bedeutung unseres Riechorganes kann man gar nicht hoch genug einschätzen. Ist es nicht die Nase, die über Sympathie und Antipathie entscheidet und auf diese Weise wesentlich unser Sozialverhalten bestimmt? »Den/oder Die/ kann ich nicht riechen!« wird mir da durch den, ach ja, »Riechkolben« signalisiert, und schon gibt es Probleme mit den zwischenmenschlichen Beziehungen.

Der Geruch geht ja unmittelbar ins Gehirn. Direkt, also ohne Umwege. Und trifft dort auf ein Zentralorgan. Gerade auch in sehr jungen Jahren bildet sich Bewusstsein über die Nase.

Ich habe ja im Zusammenhang mit dem Intershop davon berichtet, wie raffiniert und erfolgreich diese Tatsache vom Klassenfeind ausgenutzt wurde und wie mit auserlesenen Westdüften die Hirne der DDR-Bürger, vornehmlich der jungen DDR-Bürger, vernebelt und verführt wurden.

Wenn ich heute fünf Hauptgerüche meiner Kindheit ausfiltrieren sollte, Gerüche, die mich geprägt haben, so sind diese: der Maiglöckchenduft meiner Mutter, Pitralon (Gutriech-Wasser) meines Vaters, Orangenmilch aus der Schulspeisung, Bohnerwachs aus dem Vorderhaus und Kognakbohnen aus der Bonbonniere zum Verschnabulieren. »Wie Musik klingt das alles«, denke ich so bei mir, und während ich diese Gerüche, sie alle, aus der Erinnerung hervorhole, rieche ich sie wieder. Und allein der Gedanke an diesen Cocktail lässt mich beruhigt feststellen: Ich hatte eine schöne Kindheit, denn – sie roch gut. »Duft – das süße Gift!«, durchfährt es mich poetisch. Hätte auch alles anders kommen können. Wehe, meine Kinderjahre hätten mich angestunken! Wer weiß, was dann aus mir geworden wäre – ohne Gutriech-Wasser!? …

Der Mensch ist nicht nur, was er isst, sondern auch, was er riecht. Das kann sehr trügerisch sein, und was er riecht, ist durchaus nicht immer authentisch. Was, wenn jemand, ideen- und trickreich – Sie werden entschuldigen – aus »Scheiße« Bonbons macht, jetzt mal nur so geruchstechnisch gesprochen, und Sie merken gar nicht, was da geschehen ist beziehungsweise geschieht?

Das geht selbstverständlich auch »mit Geschmack«. Neulich las ich in einer Werbung: »Schokolade mit echten Erdbeerstückchen«. »Aha«, dachte ich so bei mir, »mit echten«. Was war da vorher drin? Fast hätte ich zugeschlagen, aber das Wort »echt« hat sie verraten, die »Erdbeeren«.

Der Mensch ist, was er riecht. Riecht er auch, wer er ist? Oder wer er war? Kommt daher der Name »Stallgeruch«? Überhaupt, ist Geruch Vergangenheit oder Gegenwart? Wie oder was werden wir in Zukunft riechen? Jetzt, wo die Zukunft Wirklichkeit wird, haben wir vielleicht in Wirklichkeit gar keine Zukunft mehr? ... Schluss. Schluss!

Ich wollte doch nicht mehr auf diese unergiebige Weise Fragen stellen, und antizipieren wollte ich schon gar nicht, auch nicht in Hinblick auf die Zukunftswirkungen der Gerüche … Es liegt doch alles in Seiner Hand. Der Herr wird mich führen, Sein Reich komme, das Reich der Zukunft. Bis dahin bleibt uns ja noch das Reich der Sinne auf Erden.

Und da kommt mir doch plötzlich noch ein anderer Duft in den Sinn, der Hauptduft bei der Lösung der großen Hausaufgabe: der Dresdner Semmelduft.

Wenn ich sonnabends früh Milch und Semmeln holen ging, dann sagte ich immer: »Acht scharfe Schlesier bitte.« Acht scharfe Schlesier! Wenn Sie das heute beim Bäcker sagen, dann kann es sein, der Verfassungsschutz hört mit und glaubt, Sie seien rechtsradikal. Die Bundeswehr soll ja jetzt auch im Landesinnern eingesetzt werden, ja, gegen Piraten und wegen des Kampfes gegen ausländische Terroristen. Irgendwann streicht man den Zusatz »ausländisch« und dann? »Wer Terrorist ist, bestimme ich.« Wer hat das doch gleich gesagt? Wehret den Anfängern!

Da sind wir bei der Systemfrage. Noch lässt sich das Raubtier Kapitalismus mit Geld füttern, aber das Tier bleibt hungrig-gierig, und all die Milliarden 00000 werden nichts nützen, denn Banker sind süchtig. Einmal Zocker, immer Zocker! Sie brauchen den Duft von Geld. Wir nur den von Semmeln. Herr, wenn es krachen sollte, lass uns Semmeln verteilen in den Bankzentralen dieser Welt. Echte Semmeln, in denen noch der eine Tropfen Schweiß des Meisters steckt, den er verlor beim Kneten und der hineinstolperte in den aufgehenden Hefeteig. Das Salz der Erde ist im Menschen. Wenn das nicht göttlich ist, dann weiß ich auch nicht weiter, und ich denke nun an mein allererstes Bild, das ich von mir habe, meine allererste Erinnerung überhaupt:

Meine allererste Lebenserinnerung hat mit meinem Gitterbett zu tun, und ich erlangte sie, wie überhaupt mein erstes bewusstes Sein, durch die Gitterstäbe, durch die ich meinen Kopf gesteckt hatte. Auf diese Weise kam ich zum Bewusstsein meiner selbst, zu nützlichen Vorsätzen auch und zu der bereits im Titel angekündigten Lebenslektion, und zwar einer umfassenden.

Bruchstückhaft sind die Erinnerungen, aber sehr deutlich. Wie alt war ich da? Zwei oder doch schon drei Jahre? Wahrscheinlich zweieinhalb .

Warum kam ich nicht mehr zurück? Gab es keinen Weg zurück? Welch wohliges Gefühl, als die Ohren die weißen Holzgitterstäbe passierten! Angeschmiegt an meinen Kopf waren die Stäbe, und für einen kurzen Augenblick spürte ich ein sanftes Rauschen im Ohr. Was war das? Was rauschte da kurzzeitig auf so sanfte Art? Später, in der 8. Klasse, als der

Mensch ausführlich im Biologieunterricht behandelt wurde, trat es überdeutlich in mein Bewusstsein, was das war. Dieses Rauschen. Das war ich. Ein Rauscher. War ich selbst. »Ja, ich konnte mich an mir selbst berauschen«, schoss es mir durch den Kopf. Ich musste nur die Ohren anlegen und mit dem Kopf durch die Wand gehen, genauer gesagt, durch die Gitterstäbe.

Wenigstens konnte so dieser erste große und wie sich im Nachhinein herausstellte, Tragik und Panik bringende Moment elegant gemeistert werden, mehr noch, eine heitere Seite wurde ihm abgerungen. Denn ist es nicht tragikomisch, wenn man zwar mit dem Kopf durch die Gitterstäbe gelangt, aber dann nicht mehr zurückkommt? Meine ersten bewussten Erinnerungen an mein Erdendasein sagen mir aber mit Bestimmtheit, dass mir damals nicht nach Komik zumute war. Ich hatte Angst, panische Todesangst, und ich fürchtete zu ersticken.

Seitdem meide ich Gitter, Mauern und Grenzen überhaupt, denn es passiert eben, dass es da kein Zurück mehr gibt, und eine Oma Käthe aus Suhl ist auch nicht immer zur Stelle.

Die nämlich befreite mich nach einer Zeit, die mir unendlich lang erschien und nach verzweifelt panischem Ringen, der Erschöpfung nahe, aus meiner misslichen Lage, und auch dann war das Gefühl der Todesangst noch übermächtig präsent.

So war also mein erstes mir bewusstes Lebenszeichen auch ein Zeichen des Todes. Daran ließ sich fortan nichts mehr ändern. Bis zum Lebensende werde ich diese Erfahrung nun im Furchtzentrum meines Gehirns eingebrannt wissen. Aufgehoben in der Amygdala. Sie wissen nicht, was das ist? Ehrlich gesagt: Ich weiß das auch nicht so genau, aber dort soll diese schreckliche Erfahrung jetzt für immer aufgehoben sein.

Ungestraft durchbricht man keine Gitter oder Mauern, oder wie es später zum Leitmotiv einer ganzen Generation wurde: Ein intelligenter Mensch klopft nicht gegen Rost, er lebt mit ihm. Aber das wusste ich damals noch nicht, und es mangelte mir auch an Intelligenz. Völlig ahnungslos war ich und mir keiner Schuld bewusst. Ein 2½-jähriges Kind auf dem Weg ins Leben, aus dem Bett in die Freiheit wollend, und dann gleich diese fürchterliche Strafe! Was war das für ein Gott, der mein starkes Lebenszeichen mit dem Tod bestrafen wollte? Und sein Sohn? Der Erlöser und das ewige Leben? Wie aber sollte ich ewig leben, wenn ich immer Angst haben musste, bestraft zu werden, wenn ich in die Freiheit wollte und gegen die Unterjochung rebellierte? Und die Suhler Oma Käthe, Mutter meines Vaters, war sie nicht die Erlöserin? Drückte sie nicht zielstrebig die weichholzweißen Gitterstäbe beiseite und half?!

Ja, es stimmt: Weich war die Erlösung, vor allem weich. Mein Herz fand endlich seinen gewohnten Schlaggang wieder. Ja, richtig, das erste Mal in meinem Leben vernahm ich auch mein Herz. Ganz deutlich vernahm ich es. Kein Zweifel: Ich hatte ein Herz. Und die Suhler Oma lachte und lachte, so dass ich wütend wurde über ihr Lachen, das ja ein Lachen der Befreiung war. Gerade noch tot und jetzt schon wieder lebendig mit Omas Lachen und dem Bett, in das ich jetzt ganz sanft hineingelegt wurde. »Es ist wieder gut«, dachte ich, nun wieder ein seliges Kind. Eine Hand fuhr durch mein semmelblondes Haar, ein Streicheln, und da es nun gegen Abend ging, hörte ich die Amsel im Garten, die mir ein Gutenachtlied sang, denn sie wusste wohl, dass ich sehr müde war.

Ich hatte so viel gelernt bei meinem ersten mir bewussten Ausflug. Eine umfassende Lebenslektion war das. Alles war dabei: Aufstehen, Fortgehen wollen, Todesangst und Erlösung. Ein Bett, meine Oma Käthe, Befreiung und Amselgesang. Mein Gott, wie einfach und dennoch groß kann sie sein, die Welt, wenn man die Zeichen verstehen lernt.

Und ist es nicht ein Zeichen, ich meine, ein Lebenszeichen, wenn mein Lieblingsspruch heute lautet: »So schön wie äh Tach oh sein kann, mor is dann doch abends froh, wenn mor wieder in sei Bette liecht.« … Noch dazu in einem Bett ohne Gitter.

Waschhausbesuche

Ein Kapitel für sich waren Waschhausbesuche. Damit war kein außerhäusiges Waschen gemeint. Nein. Nein. Nein. Alle vier Wochen am Donnerstagabend … Dämmert's? Ab ins Waschhaus! Wenn es nach Gummistiefeln roch, dann war der Waschwolf nicht weit. Einweichen hieß die harte Arbeit. Im Waschhaus erwarteten Uwe Abenteuer mit Holzwannen, Eimern und Zubern. Vorderhaus und Hinterhaus teilten sich die Reinigungsstätte, in der Frau Domaschke genauso wusch wie Taders ... wenn sie denn wuschen! Es wurde registriert, wer und wer nicht.

Jede Familie hatte ihre eigenen Wannen, fein säuberlich abgestellt im eigenen Keller. Und wenn die drecksche Wäsche rief, und sie rief, wie schon gesagt, erbarmungslos alle vier Wochen, hieß es hinabsteigen in den feuchten, kalten Kohlekeller, wo Spinnen hausten und Ratten wachten.

»Feuer und offenes Licht verboten«, stand an der Kellertür. »Turnen an der Klopfstange verboten.« »Ballspielen verboten.« Waschen war erlaubt. Wenn dann endlich die Wannen hochgewuchtet waren und das Waschhaus eingerichtet, dann folgten Wannen wässern und Holzböcke aufstellen, über die Uwe gerne Hürdenlaufen probte. Und dann blieb ihm noch ein bisschen Zeit für das Stabhochsprungtraining mit dem Waschwolf über die Waschwanne. Eine Wonne! Gerade kommentierte Heinz Florian Oertel Wolfgang Nordwigs Stabhochsprung im Fernsehen, schon wurde diese Sportart in ein intensives Training umgesetzt, im Waschhaus, ein Stockwerk tiefer.

Am schönsten konnte Uwe springen, wenn schon eingeseifte Laken im Kernseifenwasser auf den alles entscheidenden Sprung warteten.

Die seifenschwangeren Laken bremsten den Einstich des Wolfes sanft ab, sodass nur ein unverdächtiges Glucksen das Wasser aus der Kochwäsche drängte, und Uwe schwebte gedämpft ... vor die Füße seiner Mutti. Er hatte sie nicht bemerkt. Wie kam Mutti denn ins Stadion? Brachte sie wenigstens die Goldmedaille mit? Es »fatschte« nur.

»Uwe, du hättest dir das Genick brechen können«, weinte die Mutti fast, und ihr tat die Ohrfeige bestimmt genauso weh wie Klein-Uwe.

Der konnte immerhin ein sauberes Laken vorweisen. Stimmte schon, was die Mutti prophezeite: Genick brechen war ganz schlimm, und dann womöglich noch Querschnittslähmung dazu!

Als ob es noch einer verschärfenden Bestätigung und Warnung bedurfte: »Denk' dran, Uwe, was die Oma immer sagt, man kann von der Hitsche fliegen und tot sein oder sich das Genick brechen!«

Daher grenzt es an ein Wunder, dass Uwe im Hochsicherheitswaschhaus mit dem Leben davonkam. Um seine Mutti zu beruhigen, zitierte er ebenfalls die Oma, auch, um zu zeigen, dass er über alle Gefahren informiert war: »Man kann auch in einer Pfütze ertrinken.« Es fatschte noch mal.

Das begriff Uwe nun nicht, und aus seinem erschrockenen, verständnislosen Blick entnahm die Mutter endlich im Einverständnis, dass hier ein Missverständnis vorlag.

Im Endeffekt war Uwe heilfroh, dass er im Waschhaus überlebt hatte, auch diesmal wieder, im Februar 1970. Draußen am Waschhausfenster bildeten sich Eisblumen, und drinnen durchwabberte Kernseifennebel die Waschhauspoesie.

Heimelig war es, herrlich heimelig auf engstem Raum, nur er und seine Mutter. Sie tauchte ab und zu aus dem Nebel auf und verschwand gleich darauf wieder. Nicht ohne Uwe anzulächeln. Mutters Lächeln erschien manchmal vor einem riesigen Feuermaul. Der Kessel fauchte lichterloh und gierte nach immer neuen Holzscheiten, die Mutter ihm bereitwillig in den Rachen warf.

Alle Elemente waren auf engstem Raum verbunden: ein Blumenfenster, Waschhausnebel und Kesselfeuer. Alles drehte sich wie im Tanz um- und miteinander. »Das war sie, das müsste sie sein«, dachte Uwe, »die Himmelhölle.« Uwe tanzte mit dem Waschwolf. Und seine Mutter dirigierte das ganze große Waschhaus, die Laken dabei immer wieder zurechtweisend:

Bleibt, wo ihr seid, ihr Laken, erst kommen die Kopfkissen dran. Die warten auch.

Und tatsächlich: die gewendeten Kissen flogen durch die Luft und verabschiedeten traurig die letzten Mutzeln aus der äußersten Kopfkissenecke. Mutzeln im Flug, Mutter ebenfalls, und wie im Fluge verging auch die Zeit.

»Mutti, müssen wir wirklich mangeln gehen? Ich hab' Angst. Vati sagt, Bügeln tut's auch.«

»Ja, in Thüringen vielleicht, wo dein Vater herkommt, tut's Bügeln. Aber hier sind wir in Sachsen, und da wird gemangelt, das ist a) sauberer, b) geht schneller und c) kostet nicht so viel Zeit.«

Da waren sie wieder, die Glaubenskämpfe zwischen Bügeln und Mangeln,

Sachsen und Thüringen,

Mutter und Vater.

Unangefochtener Sieger, wie könnte es anders sein, blieb am Ende Sachsen.

Immer vorneweg

Wieder einmal Makkaroni mit Jagdwurst und Tomatensoße – genau: Wieder einmal Sonnabendmittag in der DDR.

Kann es sein, dass es in 80% aller DDR-Familien am Sonnabend ebendieses eine Mahl gab?

Und allen schmeckte es offenbar gleich gut.

Was aß man denn in den 70-ern am Sonnabendmittag in der ehemaligen BRD?

Ich denke jetzt mal, Sie ahnen, was ich vermute: Spaghetti *à la* Roma, also Mirakuli, mit Bierschinken und Ketchup.

Jedenfalls entbrannte bei uns zu Hause nach dem Mittagsmahl die stetige Frage, wer denn nun abwäscht. Und natürlich bot sich Vati immer bereitwillig an, mit dem Hinweis, dass so ein Schönheitsschlaf nach dem Mittag nicht zu verachten wäre. Nur Mutti quittierte dies mit einem mitleidigen Augenzwinkern und der Bemerkung, dass sie erstens schon schön genug sei für meinen Vater und außerdem: »Selbst wenn ich dich jetzt an de Döppe ließe, ich müsste es doch hinterher sowieso noch ma machen, ne, da mach ich lieber alles dlei in em Offwasch. Karl Heinz, mach du mal eh kleines Verdauungsschläfchen, ich weck dich dann zum Kaffee.«

So kam mein Vati immer zu seinem Verdauungs- und Schönheitsschlaf und meine Mutti immer zu ihrem Abwasch.

Ein einziges Mal war es anders herum. Seitdem hieß es bei uns zu Hause immer: »Karl Heinz, lass mal, du trocknest nicht richtig ab.«

Dasselbe vollzog sich beim Leineziehen bei der großen Wäsche. Meine Mutti auch hier immer vorneweg! Vati durfte allenfalls den Knoten fest nachziehen und, wenn er gespurt hatte, Klammern reichen, aber auch nur, wenn er vorher Mutti die Hitsche (Fußbank) ordnungsgemäß präsentiert hatte, damit sie diese wie einen Thron besteigen konnte und, so posierend, geschickt den steimlischen Wäscheleinespezialdoppelknoten um den Haken schlang.

Warum meine Mutter gummistiefelbestückt immer vorneweg strebte? Weil nur bei ihr der nötige Zuch drin war, die Wäscheleine extra gespannt und somit bereit, Doppellaken und Kopfkissen, holzklammerversehen aufzunehmen. Hätte der steimlische Muttizug gefehlt, so hätte es auch keiner Wäschestützen bedurft; die aber waren stolzer Familienbesitz und wurden nicht nur weitervererbt, sondern bekrönten – königlichen Standarten gleich – »de Wäsche«. Erst wenn alle acht Stützen sich unter den Leinen aufgepflanzt der anliegenden Hausgemeinschaft stolz präsentierten, war die Wäsche » fast ferdsch«. Nun musste sie nur noch abgenommen, gelegt, gemangelt und verstaut werden … natürlich mit einem Stückchen Seife dazwischen ... »Lilienmilch«.

Bis zum nächsten Donnerstag in vier Wochen, wenn es wieder hieß: »Große Wäsche.«

Aber bis dahin hatte Mutti die Gardinen unserer Wohnung schon wieder einmal komplett mit durchgewaschen. Ja, und wenn ich fragte: »Mutti, warum wäschst du schon wieder Gardinen?«, so antwortete sie in aller Seelenruhe: »Uwe, das verstehst du ni, und außerdem warnse dran.«

»Aber Mutti, die warn doch erst vor drei Wochen dran!« Dann aber bekam ich serviert, und zwar gardinensteif: »Uwe, die Gardinen sind fällig, nu, und eh se wieder dreggsch wärn.«

Sehn Se, wieder was gelernt, was ich nicht verstand.

Spielen im Hof verboten

Weihnachten 1969 stand vor der Tür. Meine Mutti fragte mich: »Na, was wünschst du dir denn vom Weihnachtsmann?«

»Enn Luftroller.«

»Wer soll dir denn den offpumpen?«

Im Hinterhaus wohnend, war es ein großes Vergnügen und ein Privileg, mit dem Roller im Hof fahren zu dürfen. Leider aber hatte ich keinen »Luftbereiften«, der Ventile wegen.

»Stell dir bloß mal vor, die Luft geht runter«, sagte meine Mutti. »Wer soll die dir denn wieder offpumpen?«

»Der Vati!«

»Der kann das nicht, und außerdem kommt er nur am Wochenende, das weißt du doch selbst. Und da wird er nicht auch noch Luft offpumpen wollen.«

Das leuchtete mir so was von ein, dass ich nie mehr gefragt habe ... weder nach einem luftbereiften Roller, noch, ob Vati … na, Sie wissen schon. Also wurde es ein Holzroller.

Auch war das Rollerfahren im Hinterhof alles andere als »urst«. Gelinde ausgedrückt war es eine Zumutung, ach, was sage ich, eine Tortur, denn die geriffelten Steinplatten ermöglichten kein Rollen im eigentlichen ihm zugedachten Rollersinn, sondern nur ein holperndes und stotterndes Fortbewegen, vorbei an Aschegrube und Waschhaus ... unter frischer Wäsche hindurch, bis zur Kloppstange. Ich staune heute noch, dass es ohne Gehirnerschütterung ablief ... na, ob dor Riffelplatten wegen. Eigentlich alles eene eenzsche Katastrophe!

Für mich war es die Welt. Ich kannte nichts anderes. Mich mit mir selbst beschäftigen war das Gebot der Stunde. Was blieb mir auch weiter übrig, wollte ich nicht durchdrehen. Im Nachhinein ist man immer klüger, aber damals? Hätte ich vielleicht Sturm klingeln sollen? Das war verboten. Oder laut rufen: »Mutti, allein im Hinterhof spielen, du, das entspricht nicht meinem derzeitigen Lebensentwurf!« Es hätte »gefatscht«. Laut rufen im Hof? Laut rufen im Hof war erst recht verboten – laut Aushang. »Taders wollen schlafen.« Was meine Mutti alles wusste!

Des Weiteren waren verboten: Betteln, Hausieren, Straßenmusik.

Ratten gab's, aber mit denen wollte ich nicht spielen. Ballen war auch verboten, ebenso offenes Licht und Feuer. So blieb mir nichts weiter übrig, als mich mit mir selbst zu beschäftigen. Ich weiß, dass ich mich wiederhole. Aber womit sollte ich mich beschäftigen, wenn nichts da war, buchstäblich nichts?! Kein Sandkasten, kein Klettergerüst, kein Fatzel Rasen ...

Doch, da war ja die Kloppstange! An der ließ sich wunderbar hoch turnen. Schnell die Stange greifen. Verdammt! Abgerutscht! Also langsam und vorsichtig ins Waschhaus geschlichen. Ist es auf? Ja, Gott sei Dank! Jemand hatte vergessen, das Waschhaus abzuschließen – streng verboten! Ich also hinein, die Hitsche gemopst, und flugs … war ich auf der Kloppstange. Ich hängte die Kniekehle in die Kloppstange und baumelte kopfüber, also verkehrt herum, im 1. Hinterhof zu Dresden, in der Leipziger Straße 226, genau neben der Staatlichen Versicherung. Ich war selig, dem Himmel so nah … Alles drehte sich selbstvergessen in mir und um mich herum … Ja, ich war glücklich ... für Sekunden. Da rief meine Mutti: »Uwe, bist du wahnsinnig, an der Kloppstange rumzuturnen?! Irgendwann fliegt die Mauer ein.«

Das wusste meine Mutti schon im Jahre 1969.

Friedhof kontra Raupe und Erdbeerträume dazu

»Lommel, nu beeil dich ma, mach hin, wir müssen offn Friedhof!«

So, genau so war es. Ich war sechs oder sieben Jahre alt und spielte am allerallerliebsten bei Taders mit der elektrischen Raupe, die, wenn es nur schön dunkel war, sogar leuchtete. Ja, eine glühlampenleuchtende aus Blech gefertigte Raupe mit echten Gummiketten, einer in ihr wohnenden Batterie und dem immer lächelnden Raupenführer. Das war mein verwirklichter Kindertraum. Die Tader'sche Raupe fuhr gern über Kissen und Sofaritzen, schob Plätzchen, vornehmlich zur Weihnachtszeit, mühelos vom Clubcouchtisch, so dass Frau Tader oft saugen musste.

Die Leuchtraupe durfte nur vom Chef selbst bedient werden. Heiko Tader hieß der und stammte natürlich aus dem Vorderhaus. Das einzig Wichtige bei dieser Raupe bestand darin, dass sie beständig leuchtete. Dass sie auch noch schob und fuhr – Nebensache! Noch heute denke ich: »Eine Raupe, die muss leuchten.«

Dunkel musste es sein, dann ging die Arbeit mühelos, und wahrscheinlich sollten wir Jungpioniere so auf die späteren Nachtschichten im Berufsleben vorbereitet werden. Heute hasse ich Nachtarbeit, damals aber, 1969, war künstlich hergestellte Nachtschicht durch Gardinen zuziehen einfach nur fetzig.

Natürlich hatte ich auch ein ferngelenktes Auto vom Weihnachtsmann bekommen. Einen Fiat. Wartezeit: ein halbes Jahr. Ja, nur ein halbes Jahr für einen Fiat Coupé. Ein Wunder! Bitte sich vorzustellen: Während Erwachsene acht Jahre auf einen Trabant oder Wartburg warten mussten, hatte mein Weihnachtsmann ein Einsehen und schenkte mir diesen orangeweißen, zweifarbig lackierten Wahnsinnswestschlitten ohne längere Wartezeit. Ferngesteuert, mit Hupe und Schiebedach, fuhr ich gern zwischen Indianerburg und Flur zur Küche, Pfefferminztee nachtanken. Und so sehr ich mich auch anfangs freute über meinen Fiat Coupé – immerhin besaß ich etwas, wovon andere Kinder, nein ganze Familien, nur träumen konnten: ein Auto – so hatte dieses formschöne Westvehikel einen entscheidenden Nachteil, nein, mehrere Nachteile: Ständig war die Batterie runter, und das Auto hatte eine Schnur zum Lenken, fuhr ergo doch nicht selbstständig und: Es leuchteten keine Kolben, die sich beim Fahren auf und nieder bewegten, also richtig arbeiteten, kurz – das Auto lebte nicht so wie Heiko Taders Raupe. Und an Kaupeln war nicht zu denken. Unbezahlbar! Ich glaube, dies war meine Geburtsstunde des Neids.

Und während wir nun, Heiko und ich, fachsimpelten und verhandelten, ob die Lakritzstangen heute noch ausgewickelt werden sollten oder erst morgen, rief meine Mutter aus dem geöffneten Hinterhausküchenfenster: »Lommel, beeil dich, wir müssen auf den Friedhof!« Können Sie sich einen größeren Bruch im Leben eines im Spiel versunkenen Kindes vorstellen? Und bitte, was ist denn das für ein Satz? »Beeil dich, wir müssen auf den Friedhof!« Im Laufschritt zum Grab, oder was?

Ich war ein Kind, sogar ein Kind des Sozialismus, wieso rief mich der Herr, äh, meine Mutti, »beizeiten« sozusagen auf den Gotttesacker? Was hatte ich verbrochen, dass meine Ruhe derart gemein zerstört wurde? Außerdem duldeten die Lakritzstangen keinen Aufschub, und so rief ich, allen Mut zusammennehmend: »Bitte, lass mich erst fertig spielen!« Oh, das war sehr mutig, denn Fertigspielen konnte dauern, wer weiß wie lange, und es war offener Widerspruch. Meine Mutti kannte ihren Lommel und flötete zurück: »Komm, du kannst morgen weiterspielen, beeil dich, sonst sind die Gottesaugen alle. Und Opa freut sich doch auch.«

Moment mal, wieso freut sich Opa? Er war es doch, der auf dem Friedhof lag; ich will nicht sagen, tot, aber war es nicht so? Wie kann sich jemand über Gottesaugen freuen, die er von unten gar nicht sehen konnte? Oder meinte Mutti, Opa hatte die Draufsicht, sah quasi aus dem Himmel auf sein Grab, auf seine Gottesaugen und ob auch ja alle kamen, ihn zu besuchen?

Überhaupt der Friedhof: Der Markusfriedhof war ein regelrechter Lebensraum für Kinder wie mich. Schon als Kind spielte sich die gefühlte Hälfte meines Lebens auf ebendiesem Friedhof ab. Ja, in unserer Familie herrschte ein regelrechter Wettbewerb, wer, wann, wie oft auf dem Friedhof war, um Opa zu besuchen. So viel Aufmerksamkeit wurde meinem Schneeweiß-Opa zu Lebzeiten nicht entgegengebracht. Mutti und meine Schwester versicherten sich gegenseitig, im Gleichstand mit der Anzahl der Besuche zu sein.

Das lief dann ungefähr so ab: »Warst du die Woche schon?«, fragte misstrauisch die eine. »Ja, am Freitag«, kam es wie aus der Pistole geschossen. »Und du hast schon die Gottesaugen gepflanzt?« »Ich geh morgen. Lass ma, ich leg es erst mal aus. Dafür kannst du ja nächste Woche gießen, es soll heiß werden.« »Ne, ne, ich bezahl dir gern die Hälfte dazu, ich kann nächste Woche nicht auf den Friedhof, mir wolln zu de Tschechen.«

»Nu, und wer gießt da in der Zwischenzeit? De Oma?« »Die hab ich schon gefragt, aber die kann so schlecht fort ... Außerdem hat se abgewunken. Lass ma, sachtse, ich liesch noch früh genug dort.« »Nu, und dor Uwe?« »Alleine? Ne, ne, der Junge is sieben. Weißte was, de Woche droff hol ich ihn gleich nach'm Mittagsschlaf aus'm Kinderhort ab und dann gehn wir hin. Schnurstracks.« »So mach'n morsch«, antwortete versöhnt meine Mutti. Und ich freute mich auf nächste Woche. Mittagskind, und danach gleich auf'n Friedhof. Was konnte es Schöneres geben im Leben?

In der Zwischenzeit, also zwischen Raupe und Friedhof, träumte ich gern und beständig von Butterschnitte mit Erdbeeren. Ja, im Winter träumte ich vom Sommer und im Sommer vom Winter und seinen Gerichten.

Ein regelrechtes Gedicht war besagte Butterschnitte mit Erdbeeren, die es ab dem ersten Juni, dem Kindertag, dem Internationalen, gab.

Und ich spreche hier von echten Erdbeeren, Marke »Mieze Schindler«. Das sind die, die gleich nach der »Kehre« vom Westen geraubt und uns heute als »echte« Neuzulassungszüchtung stolz als Westgewächs präsentiert werden. Mal ganz davon abgesehen, dass auch die Deutsche Demokratische Republik »Mieze Schindler« nicht entdeckt hatte, denn diese wurde gezüchtet in den Goldenen Zwanzigern.

Mein Opa würde jetzt wieder sagen: »Was versteht der Ochse vom Sonntag, wenn er alle Tage Heu frisst?!«

Aber zurück »in« 1972. Als einer der schönsten Lebensumstände meiner Kindheit in Alttrachau, dem Gegenentwurf zum Weißen Hirsch, bleibt mir noch heute festzuhalten: Ich hatte eine tolle Kindheit, denn ich durfte genießen.

Sie schmeckte – nach echten Erdbeeren.

Das kleine Evangelium: »Butterschnitte mit echten Erdbeeren«.

»Sozialistische Erdbeeren«, die näher rückten mit jedem erfolgreichem Abbiss von der Buschnie. (Butterschnitte)

Erdbeeren, die auch noch so aussahen und nach Erdbeeren schmeckten.

Und heute? Wohin man schaut, überall nur Schein. Der Schein bestimmt das Bewusstsein.

Wachstum, Wachstum über alles! Bei uns wuchsen Erdbeeren noch auf Feldern, und mit Erde dran, daher auch der Name.

Manche Erdbeeren heute haben nie Erde gesehen, weswegen sich der Name von vornherein verbietet, und in ihrer Konsistenz erinnern sie eher an Radieschenkerne, tschechische, und sie schmecken auch so.

Kleiner Tipp vom Fachmann: Eine Erdbeere, die nicht nach Erdbeere riecht, ist keine Erdbeere und schmeckt auch nicht. Nur was riecht, schmeckt.

Neulich fragte mich ein Journalist aus der Bundesrepublik: »Lieber Herr Steimle, haben Sie noch Träume?« Der Ohnmacht nahe, ob so einer dussligen Unverschämtheit – ich werde im nächsten Jahr 50 – dachte ich nur: »Denn sie wissen nicht, was sie fragen … sollen.« So antwortete ich, mich beherrschend: »Oh ja!! Ich habe einen Traum. Ich träume davon, dass holländische Gemüsebauern ihre Tomaten selber fressen müssen.«

Übrigens, und weil wir gerade dabei sind: Zum DDR-Bürger wurde ich erst durch die Bundesrepublik.

Lebensgefahr

Zu den schönsten Erinnerungen meiner Kindheit gehört der Besuch der Fähre in Pieschen. Ja, die Pieschener Fähre war immer ein Ausflugsziel. Sie fuhr vom Schlachthof rüber und nüber, und für den großen Überfahrtspreis von 20 Pfennig hatte ich das Gefühl eines 5-Minuten-Urlaubs. Dampfer fahren, pah, das konnte jeder! Aber Fähre tuckern ... Alleine das war aufregend. Und dies eierschalenfarbene Boot mit der kasslerbraunen Bauchbinde und der blank gescheuerten Silberkette fuhr des Öfteren nur für mich. Meist saß ich ganz hinten, um die Schiffsschraube zu beobachten, die das kaffeemilchbraune Elbwasser zu Schaum verarbeitete und an den Schwänen vorbei gen Schlachthof stieß.

»Achte auf die Strudel«, warnte meine Mutti oft. »Wenn du mal in die Elbe fallen solltest, Uwe ... meide die Strudel und Drehlöcher!« Die waren allergefährlichst. Warum? »Sie ziehen dich mit hinunter auf den Elbegrund. Versuche also ja nicht, in dem Moment, wo der Strudel dich erfasst hat, wild um dich zu schlagen. Uwe, hörst du, folge dem Strudel bis auf den Flussgrund und stoße dich dann entgegen der Strömung vom Elbebett wieder nach oben ab. Du schaffst das!« Meine Mutti beschrieb all dies so plastisch und haarklein, dass ich den Eindruck haben musste, sie sprach aus eigener Erfahrung, probte womöglich zweimal die Woche für meinen Ernstfall. Noch heute träume ich regelmäßig und panisch von diesen Elbdrehlöchern und meinem Abtauchen auf den Schicksalsgrund des Flussbettes.

Erst letzte Woche, meine Tochter Nina und ich paddelten wunderbar und seelenruhig auf der Unstrut bei Freyburg, kam uns ein Ausflugsdampfbötchen entgegen, und kaum wurde dieses Ungetüm sichtbar, schrie ich das arme Kind an: »Achte auf die Drehlöcher, und wenn du über Bord gehen solltest, lass dich nach unten ziehen – abstoßen vom Flussgrund in entgegengesetzte Richtung, und, Nina, immer mit dem Strudel, hörst du. Gib dich ihm hin!«

»Hä?« Nina, vorn sitzend, drehte sich nur seelenruhig um, schaute mich entgeistert an und ließ es nur tropfen: »Alles klar, Papa?«

Zu meiner Ehrenrettung sei gesagt: Alles über Drehlochstrudelrettung erfuhr ich mit 7, Nina erst mit 17. Es liegen aber nicht nur 10 Jahre der Kindheitsentwicklung dazwischen. Nein, auch vermute ich, die Kinder von heute haben mehr Angst vor Cyber-Angriffen auf ihren Laptop als vor Elbstrudeln.

Und plötzlich zieht dich Facebook in seinen Bann, du kommst davon gar nicht mehr los. Immer in Bereitschaft, immer auf Erreichbarkeit getrimmt, letzten Endes abgelenkt vom realen Leben, merken unsere Kinder gar nicht mehr, was mit ihnen passiert. Werden sie nicht virtuell gestrudelt?

Und ewig fließt die Elbe, und kurz nur währt das Leben, und in einem Jahr ist eh alles vorbei.

Natürlich, 49 Jahre sind doch schon rum. Dämmert's? Ach ja, Otto Reutter…

Ich bezeichne mich ja selbst gern als pessimistischen Optimisten. Na, besser als umgekehrt: Ein optimistischer Pessimist ist viel schlimmer.

Zum Beispiel?

Rösler sagte unlängst: »Bitte bewahren Sie Ruhe. Die Bundesregierung hat alles im Griff. Kein Grund zur Beunruhigung!« Da läuten bei mir alle Alarmglocken gleichzeitig: Konto sperren! Ausreise beantragen! Mobilmachung! Kurz: Zu den Waffeln!

Ein Bürger, der die Deutsche Demokratische Republik

überlebt hat, geht keinem blutdruckarmen Momentanwirtschaftsminister auf den Leim. Bei uns hätte der es nicht mal zum Wandzeitungsredakteur gebracht.

»Unsere Erntekapitäne Tag und Nacht im Einsatz! Der Drusch ist im vollen Gange! Die Brigade »German Titow« half mit acht Mähdreschern in der Uckermark der Brigade »Rainer Brüderle« beim Drusch. – Druschba! – Alle Kombines ausgelastet! Auch in diesem Jahr steht die Erntefront! Jeder Halm zählt! So viel zu den Ernteschlachten in der DDR und zum Fünfjahrplan ...

Und heute? Wie heißt der Fünfjahrplan heute? Wirtschaftswachstumbeschleunigungsgesetz! Und das beginnt zu greifen. Wissen Sie, was das ist, das Wirtschaftswachstumsbeschleunigungsgesetz? Sinnlich, also bildlich, passiert Folgendes, auf Anhieb verständlich, auch für Philipp Rösler.

Ich erklär es Ihnen: Sie schenken Ihrem Liebsten zu Weihnachten fünf Schlübber (Schlüpfer), dann im nächsten Jahr zehn. Ja, zehn! Die Wirtschaft muss sich ja per Gesetz beschleunigen, also »Wachstum«, aus fünf mach zehn! Dann, im dritten Jahr, brauchen Sie schon 20 Schlübber für den Liebsten, unter dem geht's nicht ... So, jetzt haben Sie 20 Schlüpfer, aber noch kein Waschpulver. Spätestens jetzt geht's den Schlübbern drecksch. Was das heißt? Die da oben sind nicht ganz sauber. Es ist alles zu kurz gedacht. Schnell, schneller, am schnellsten und ganz doll Ich. Ich. Ich. Ich, um nur einige zu nennen.

Es gibt einen schönen Satz aus der Renaissance, gefunden auf einer Degenscheide, zu besichtigen im Grünen Gewölbe zu Dresden. Auf dem geschmiedeten Stahl der Damaszenerklinge steht fein eingraviert: »Zeit ist Gnade« ... Pause ... Und Friedrich Nietzsche, der große deutsche Philosoph, sagte einmal: »Der Mangel an Ruhe treibt uns in die nächste Barbarei.«

Die Hoffnung

Die »Hoffnung« von Friedrich Schiller, damit wollte ich Sie gern wecken. Doch bevor dies wundervolle Gedicht – nahe der Romantik – Sie hoffentlich hoffnungsfroh in den Tag segeln lässt, ein morgendlicher Geistesgruß: Das menschliche Gehirn wiegt zwar nur 2% des Gesamtgewichts des Körpers, verbraucht aber 20% der Energie ... gut, nicht bei allen, und bei manchen hat man eher den Eindruck, es sei umgekehrt. Sie aber haben gelacht und deshalb nun das versprochene Gedicht:

HOFFNUNG

Es reden und träumen die Menschen viel
von besseren künftigen Tagen,
nach einem glücklichen gold'nen Ziel
sieht man sie rennen und jagen,
die Welt wird alt und wieder jung,
doch der Mensch hofft immer Verbesserung.

Die Hoffnung führt ihn in's Leben ein,
sie umflattert den fröhlichen Knaben,
den Jüngling locket ihr Zauberschein,
sie wird mit dem Greis nicht begraben;
denn beschließt er im Grabe den müden Lauf,
noch am Grabe pflanzt er die Hoffnung auf.

Es ist kein leerer schmeichelnder Wahn,
erzeugt im Gehirne des Toren,
im Herzen kündet es laut sich an:
zu was Besserem sind wir geboren!

und was die innere Stimme spricht,
das täuscht die hoffende Seele nicht.

So, nun kann der Tag beginnen. Ich komm' trotzdem gar nicht darüber hinweg, dass es Familien gibt ohne Tisch. Folglich gibt es auch keine Tischmanieren, braucht keiner. Aber auch das könnte man, nein, sollte man positiv sehen ... wieder etwas, auf das man nicht zu achten braucht. Tischmanieren fallen quasi unter den Tisch, unter den nicht vorhandenen in diesem Falle. Sie brauchen auch keine Tischdecke. Positiv sehen – alles! Immer darum geht es doch letzten Endes.

Sie haben nichts? Dann können Sie auch nichts verlieren. Lächeln Sie! Was, Sie haben Krebs? Bleiben Sie glücklich, denken Sie positiv! Sie haben 100 Bewerbungen geschrieben, wurden 200-mal abgelehnt? Lächeln Sie, denn nun haben Sie eine neue Chance für eine neue Bewerbung. Vielleicht klappt's ja diesmal. Und schließlich und letztendlich ist doch nur entscheidend: wie Sie sterben. Aber ja!

Neulich sagte mir ein ernst zu nehmender Italiener, freundlich allemal: »Wenn die letzte Stunde deines Lebens froh war, war es auch das ganze Leben.«

Ja, sterben wir froh. Besser noch, sterben wir in Zukunft noch froher!

Ehrlich gestanden, mir geht diese ganze »Gerne doch«-Generation gewaltig auf den Docht. Vor kurzem wollte ich in einem Hotel absteigen, und als ich die Lobby (die Vorhalle) betrat, flötete mir die Empfangsdame entgegen: »Schön, dass Sie wieder zurück sind.« Ich war nie zuvor in diesem Hotel. Nein, Nein, das ist nicht mehr die Ausnahme, das ist die Regel!

»Coffee to go«, auch »Kaffee to go« oder »Cafe to go« …

Daran haben wir uns ja schon gewöhnt. Aber in Leipzig sah ich neulich einen Laden, da stand dran: »Bio to go«. In

Erfurt gab es ein »Sofa to go« und beim Fleischer gab's »Hirn to go«.

Es gibt auch Speiseeis »Dr. Schiwago« mit Happy End …

»Nehmen Sie doch die Familienpackung.«

»Aber ich lebe doch allein.«

»Aber Sie sparen.«

»Ja, aber ich zahle 50% mehr.«

»Die Packung ist ja auch mehr wert.«

»Was interessiert mich der Mehrwert?! Mir geht es um den Nährwert, und der ist mir zu groß.«

»Da gibt es nur eine Lösung: Schaffen Sie sich eine Familie an.«

Diese Geschichte hat nur einen Haken: Eine so geduldige Verkäuferin kann sich kein Geschäft leisten – also kaufen Sie lieber gleich die Familienpackung Eis »Dr. Schiwago«, und fragen Se ja ni! Schon das Wort »Verbraucher« verrät, worum es geht. Verbrauch' oder stirb. Verbrauch' schneller, stirb schneller, stirb dann aber schön. »Gerne doch!«

Mehr Verbraucher sterben noch schöner. – Auf die letzte Minute kommt es an. Sie erinnern sich? Gestern stand in der Zeitung: Ein Bankberater empfahl einer knapp 90-jährigen Dame Fondsanteile, Laufzeit 25 Jahre, als Geldanlage fürs Alter ... Todsicher! ... Die Dame hat sich nicht mehr gemeldet.

Ich liebe die deutsche Sprache. Jetzt erst begreife ich das sinnige Wort: »Bankberater«.

Oder »Gläubiger«? Wer glaubt da an wen? Auf meinem Kontoauszug stand neulich: Soll – Haben ... Da warte ich heute noch droff. Wissen Sie, was heute in der Zeitung stand? »Die Schweigeminute dauerte 30 Sekunden.«

Hüllen wir uns für 30 Sekunden in Schweigen, bevor ich Ihnen von Thüringen berichte und von meinem Opa, der zu Lebzeiten gar nicht schweigsam war, eigentlich nur im Wald, aber auch da nicht immer, was an seinem Temperament lag.

Ich möchte Ihnen eine Begebenheit aus meiner Kindheit erzählen, die sich in der Ferienzeit abspielte, in einer Zeit, da Minuten noch 60 Sekunden dauerten und der Zug planmäßig eine Dreiviertelstunde in Jena-Göschwitz stand, weil die Lok umgehängt werden musste. Eine Zugfahrt von Dresden nach Suhl, wo meine Großeltern in der autonomen Gebirgsrepublik in Wohnhaft lebten, dauerte neun Stunden. Wie gesagt: Elektrifiziert war die Strecke nur bis Oberhof, danach kam die Dampflok zum Einsatz. Niemand beschwerte sich in Jena-Göschwitz über den Aufenthalt, denn er war ja planmäßig, und man hatte auf diese Weise auch Zeit, Bockwurst und Apfelfips auf dem Bahnsteig zu kaufen. Der Apfelfips klebte immer, da die Plastikeinlagen im Kronkorken nicht ganz dicht waren, und das war beileibe nicht das Einzige im Arbeiter- und Bauernstaat, was nicht dicht war. Doch war ich heilfroh, die kleinen 0,25-Literflaschen überhaupt zu bekommen, denn in Dresden war Apfelfips meist ausverkauft. Als Kind dachte ich: »Ein Glück, dass Urlaub ist, sonst würde der Zug in Göschwitz gar nicht halten dürfen.« Wo sollte ich denn Fips tanken, um nicht halb verdurstet in Suhl meinen Großeltern in die Arme zu sinken? Urlaub, das war Apfelfips in Göschwitz, und zwar planmäßig.

Mein Vati besorgte den Fips, und im Gewühle der Menschenmassen verlor ich ihn manchmal aus den Augen, und so hatte ich panische Angst, allein abfahren zu müssen, womöglich der Transportpolizei in die Hände zu fallen. Noch heute höre ich den aggressiven, totalitären Schaffnerpfiff, wenn es hieß: »Abfahrt!« Und mein Vati war noch immer nicht im Zug.

Nein, nein, ich bilde mir das nicht ein: 1972 wurde ganz anders gepfiffen. Ich will mal sagen: entschiedener, unmissverständlicher, ja, ein entschlussfassenhelfender Einstiegsschubpfif – kurz: diktatorisch. Ein Pfiff war ein Pfiff und duldete keinen Aufschub. Gut, der Zug stand zwar eine Dreiviertelstunde, aber bei los ging's los.

Nicht wie heute: »Meine sehr verehrten Damen und Herren, auf Grund von internen Betriebsabläufen verzögert sich die Abfahrt des InterCity-Express »Johann Sebastian Bach« voraussichtlich um 25 Minuten. Ich korrigiere um 125 Minuten.«

Da ist die halbe Wartezeit schon um. »Wir bitten um Ihr Verständnis.« Nein, nein, nein, ich habe kein Verständnis! Lotterladen! Penner! Mein Druck steigt im Kessel. Das deutsche Wort müsste auch heißen: »Wir bitten um Entschuldigung.« Nicht um Verständnis! Abfahrt!

Zurück in 1972: Da lebte man ruhiger, viel ruhiger, trotz Aufregung.

Und meine Aufregung im D 912 war wirklich groß, denn, wie gesagt, mein Vati war noch nicht auf seinem Platz, und der Zug fuhr an. Die junge Frau, die mir gegenüber saß und meinen Kloß im Hals bemerkte, meinte teilnahmsvoll, als mir das Wasser in die Augen stieg: »Dein Vati ist wohl noch gar nicht zurück oder fährst du allein weiter?« Gerade als ich laut los – (nicht lautlos) … als ich also laut losweinen wollte, aus Frust um Fips und Vati und allein fahren müssen in der Reichsbahn, ging die Abteiltür auf, und mein Vati stand freudestrahlend vor mir – mit zwei Bockwürsten und zwei Apfelfips. Ich liebte ihn umso mehr in diesem Moment, weil er kämpfend gesiegt hatte gegen alle Widrigkeiten, die da hießen: Schlangestehen, Hitzekollaps, Zeitdruck, Durchkämpfen. Ja – mein Vati war ein Kämpfer! Auch im Urlaub! Ein Soldat auf Wacht für den Frieden, in diesem Moment für meinen Frieden. Das Wort »Dasein« habe ich schon damals ganz warm empfunden.

Die Einfahrt in den Brandleitetunnel, gefühlte 42 km marathonlang, war der Höhepunkt des Urlaubsauftakts in der Anfahrt auf Suhl. »Zähl die Lampen im Tunnel, und Fenster zu, sonst ersticken wir vom Kohlendreck der Dampflok und kommen schon tot an im Urlaub«, sagte mein Vati. Und ich? Ich war der glücklichste Junge der Deutschen Demokratischen Republik.

Tja, und dann standen schon meine Großeltern auf dem Bahnsteig in Suhl. Mein Opa Otto und meine Oma Käthe waren extra schon eine halbe Stunde früher zum Bahnhof geeilt.

»Man weiß ja nie«, sagte Opa, »was, wenn die Reichsbahn pünktlich kommt?!« So erfuhr ich, was es bedeutete: »der Zug kam pünktlich.« ... 14:10 Uhr, planmäßig, und soll ich Ihnen was sagen? Meistens kam er wirklich auf die Minute nach immerhin neun Stunden Fahrt. Das muss man erst mal schaffen! Und einmal war er sogar fünf Minuten eher da. Das war 1973, werde ich nie vergessen. Bitte, prüfen Sie nach in den Ankunftsprotokollakten des D 913. Richtig? Falsch! D 912! Sie haben aufmerksam gelesen und lassen sich nichts vormachen. Weder in der Ankunft noch planmäßig.

Es war Hochsommer in Suhl, und ich trug Lederhosen, Kniestrümpfe, bei der Ankunft schon runtergerollert, und Sandalen sowie mein Silastik-Nicki, das aber nun schon leicht müffelte, um nicht zu sagen, bestialisch stank. »Wie Iltis!«, bemerkte mein Großvater trocken. »Karl Heinz, der Junge kommt ja um«, rüffelte Oma Vati, also ihren Jungen, und vertröstete seinen Jungen, also mich, auf Waldmeisterlimo in der Judithstraße. »Hattest Du keinen Waschfleck mit für unter die Arme oder hat deine Mutter daran nicht gedacht?«, schoss jetzt auch Opa scharf. Na, das war ja eine Begrüßung! »Doch, doch. Der Waschfleck steckt noch in der Zellophantüte im Campingbeutel.« Ich hatte ihn vergessen. »Ach so, na, da kommt erst mal, und heute Abend gibt es Bratwürste, echte Thüringer. Winfried, also dein Onkel, hat sie schon in Bier eingelegt, und Tante Renate bäckt schon deinen Rührkuchen, nu kommt.«

»Und du, Junge«, gemeint war wieder ich, »achtest, wenn wir dann nach Hause kommen, auf die Schwellen.« »Auf die Schwellen?« »Na, nicht, dass du wieder als Erstes auf die Schwelle trittst. Schön drübersteigen, großer Schritt über die Schwelle.« »Ja, Opa, ich denke dran.« »Und warum darf man nicht auf die Schwelle treten?«, wunderte ich mich und wandte mich, leise flüsternd, hilfe- und antwortsuchend, an meine Oma. Die nahm mich unter ihre Natoplane, denn ein kleiner Husch ließ es im Steinweg dröppeln, und erklärte genau:

»Die Schwellen sind aus Hartholz, Buche, weißt du, und die alten Leute konnten früher oft ihre Füße nicht heben und traten demzufolge auf die Schwelle. Manche blieben auch einfach darauf stehen, sodass mit jedem Schwellentritt das Hartholz immer mehr abgetragen, also ausgelatscht wurde, und dadurch entstand diese Rundung im Holz, und das sieht doch nun wirklich nicht sehr schön aus.« »Verstehe«, schwindelte ich scheinheilig und wollte noch einen letzten Versuch starten, doch noch einmal in meinem Leben eine Hartholzschwelle betreten zu dürfen. »Oma, warum wechselt ihr die Schwellen nicht aus und betretet sie dann nach Herzenslust?«

»Bist du leise«, zischelte meine Oma ängstlich, »du weißt doch, wie teuer Buche ist.«

»Nein. Es heißt doch, Buchen sollst du suchen, Oma.«

»Ja, aber nur bei Gewitter ... Außerdem müssen die Schwellen noch eine Weile halten und nicht wegen dir ausgewechselt werden.«

»Wegen mir doch nicht.«

»Pst! Wenn Opa das gehört hätte, Jüngle, hättest du jetzt gleich wieder nach Hause fahren dürfen. Sei nicht immer so aufmüpfig, außerdem weißt du, dass dein Opa Otto sehr jähzornig werden kann!«

»Aber doch nicht wegen ... Schwellen betreten?«

»Doch, gerade wegen Schwellen betreten. Alle deine Vorfahren, auch die alten Leute, standen immer par du auf den Schwellen rum.«

»Alle?«

»Ja, alle! Deswegen sind sie ja so abgelatscht.«

Jetzt wusste ich endgültig Bescheid. Nur um Opa zu ärgern, standen alle unsere Vorfahren immer auf den Schwellen rum. Sie machten keinen großen Schritt wie normale Leute, sondern brachten den 100 Jahre später geborenen Otto Steimle noch im Nachhinein, genauer gesagt, noch vor seiner Geburt, damit zur Weißglut. »Familienbande«, schoss es mir durch den Kopf. Alle waren nur auf der Welt, um Opa zu ärgern, und daran wollte ich mich nicht beteiligen.

Nach dieser völlig logischen und einleuchtenden Erklärung habe ich bis heute nie wieder eine Türschwelle betreten, bei keinem Menschen. Das ist Erziehung. So entstehen Phobien. Seither teile ich die Menschheit ein in Schwellenbetreter und rücksichtsvolle Leute. Kurz: Um jeglicher Notwendigkeit von Erziehungsmaßnahmen für meine Familie und folgende Generationen vorzubeugen, gibt es bei uns zu Hause keine Schwellen mehr. Sie haben richtig gelesen: keine einzige Schwelle. Ich habe sie abbauen lassen.

Diese Schwellenangst führt aber neuerdings bei mir zu ganz merkwürdigen Assoziationen, zum Beispiel, wenn es um Schwellenländer geht: Denen traue ich nicht über den Weg, geschweige denn ... schwellen wir drüber.

Mein Opa konnte aber auch ganz anders. Zum Beispiel liebevoll mir den Wald erklären. Nie wieder schmeckten Pilze, Heidel- und Brombeeren so gut wie in meiner Kindheit. »Die arme Leut gehn nach Gerschgereit.« (Die armen Leute gehen nach Gerhardsgereuth.) Ja, mit solchen Weisheiten wuchs ich auf: »Der Sozialismus siecht. – Ja, er siecht dahin!« Oder: »Der Mensch beherrscht die Natur und die Natur die LPG.«

Oder: »Du bist so gescheit wie sechs Dumme.« Oder:

»Was versteht der Ochse vom Sonntag, wenn er alle Tage Heu frisst?!«

Mein Opa war sehr gebildet, trotzdem habe ich ihn nie arbeiten sehn. Einmal, im Wald, ich weiß es bis heute, sprach ich, damals 12-jährig, ihn daraufhin an. Ich hüpfte über die Wiesen, die Sonne schien, ich war herzensfroh. Mein Opa Otto lief ungefähr 20 Meter vor mir, sodass ich aus einiger Entfernung rufen musste: »Opa, warum musst du gar nicht mehr arbeiten?« Mein Opa blieb wie angewurzelt stehen, drehte sich zu mir um und schrie aus voller Kehle: »Im Wald herrscht Ruhe!« Oh, das stimmte. Wie oft hatte er mir eingebläut, dass im Wald Ruhe zu herrschen hätte, angelehnt an Goethes »Über allen Gipfeln ist Ruh«. Mit diesem Goethe-Gedicht wurde mir diese Tatsache quasi in die Wiege gelegt. Dieses donnernde »Im Wald herrscht Ruhe!« war angesichts der Stille in ebendiesem Wald einfach irrsinnig komisch. Kaum kann es einen größeren Widerspruch in der Erziehung geben als diesen phonetischen Amplitudenüberschlag.

Dialektik musste mir deshalb niemand mehr erklären. Widersprüchlicher geht's nimmer.

Wahrscheinlich widerstand ich auch deshalb späteren Anwerbungen der Parteien.

Ich wurde im Wald aufgeklärt, ganz praktisch … natürlich.

Warum Opa Otto allerdings nach dem Krieg nie arbeiten war, habe ich nicht erfahren, bis heute nicht. Auf dem Gottesacker verbieten sich Fragen, und ehrlich gestanden, zieht es mich selten dorthin, zu den Friedhöfen und Gräbern.

Opa hatte einen gewaltigen Ranzen, sprich Bauch, der von einem Katzenfell zusammengehalten wurde, dem Fell einer Katze übrigens, welche er im letzten Jahr noch gestreichelt hatte und die ihn nun vor Kälte schützte oder wenn ihm, der mit dem letzten Schiff von Norwegen runtergekommen war, etwas an die Nieren ging.

Und jeden Morgen legte er sich »Ruschple«, so hieß das ehemals geliebte Katzentier, um seinen Bauch nach einem beherzten Schluck aus der Teekanne, natürlich nur aus der Schnauze trinkend. Tassen wurden gemieden, denn diese bedeuteten unnötigen Aufwasch. Und der Wermut-Tee schmeckte gallebitter. Er musste mindestens eine Nacht gezogen haben, um seine volle Wirkung an Opas Galle entfalten zu dürfen, und die lief ihm oft über. Vor allem, wenn ich störte oder die neue Katze, also die, die nach Ruschple kam, sich verbotenerweise über das frisch gekochte Lungenhaschee hermachte. Dann flippte Otto aus.

Kefir, natürlich auch selbst angesetzt, gehörte ebenfalls zur Leib- und Magenspeise meines Großvaters, der am liebsten mit freiem Oberkörper und katzenfellumwickeltem Bauch am sonntäglichen Küchentisch stundenlang einen Schweinsbraten spickte. Mit Speck natürlich. Der Braten sollte ja »nach etwas schmecken«. Also wurde er mit Speck gespickt. Dazu gab es einen einzigartigen Hefekloß. Im Thüringischen »Mahlhüdes« genannt; und da fällt mir auch der Spruch aus dem Hausflur wieder ein, der als Evangelium aller Thüringer bis heute gelten darf: »Hüdes on Brüh ... do ged nis drüh.« (Klöße und Brühe, da geht nichts drüber.)

Ja, ich geb' zu, dafür würde ich auch heute noch mein Vaterland verraten – für Opas selbst gespickten Schweinsbraten und Mahlhüdes, dazu Sauerkraut mit Leberwurst. Dass meine Oma stundenlang das Sauerkraut »beobachten« musste, fiel gewissermaßen unter den Tisch. Nur Opas Spickarie, wobei sich nach einem offenbar geheimen Schlachtplan seine Finger immer nach exakt bemessenen Abständen in das Schwein bohrten, blieb im Gedächtnis und wurde beim Verzehr des Bratens ausgiebig gelobt. »Diesmal ist er ganz besonders saftig«, rief auch ich entzückt, und Großvater, der im Gesicht mit den Jahren dem Braten immer ähnlicher wurde, bemerkte wichtig: »Das liegt nur an den Abständen«, und dabei reckte er den rechten Zeigefinger vielsagend in die Höhe.

Gerade als er sich ein weiteres großes Stück quasi einverleiben wollte, riet ihm meine Oma zur Einsicht, mit einem Wort, welches sich mir bis heute ins Hirn brannte. »Otto«, flüsterte sie beinahe erotisch, »denk bissel an deine Figur. Gugge: Du bekommst jetzt auch schon Kopffleisch.« »Kopffleisch« – Welch brutal treffendes und exaktes Deutsch! Die Sprache des Volkes!

Nie wieder wird ein Urlaub so unendlich herrlich lang sein wie in fernen Kindertagen. »Ja, alles ist relativ«, so formulieren wir es theoretisch. Und praktisch? Wie sagte 1977 meine Suhler Oma? »Irgendwie vergeht die Zeit heute viel schneller als früher, obwohl ich jetzt viel langsamer die Treppe hochkomme!« Ja, ja, ich muss bis heute für die Relativitätstheorie kein Beispiel von Einstein bemühen. Meine Familie hat mir immer ganz praktisch geholfen, diese zu begreifen.

Sie musste so manches Mal beim Begreifen helfen, zum Beispiel wenn ich nicht wusste, was die Uhr geschlagen hatte ... Im kleinen Kabüffterchen, einer Art Wohnzimmer, stand auf dem Vertiko neben dem Chaiselongue und dem Goldfischglas eine Taschenuhr in Augenhöhe eines 8-jährigen Kindes, also meiner. Sie stand in einem Rehbockgeweih und war von solch schlichter, umwerfender Schönheit, dass ich mich schon damals in sie verliebte, sozusagen von Stund' an. Nur konnte ich nicht wissen, dass sie mir keine Stunden mehr schlagen konnte, denn sie war stehen geblieben. »Irgendwann im Krieg gegen die Franzosen«, dozierte mein Opa. »Und warum machst du sie nicht ganz, Opi? Eija bitte, bitte«, girrte ich.

»Sie ging im Krieg kaputt. Sie ist ein Andenken an meinen Vater, also deinen Urgroßvater, verstehst du? Sozusagen ein kleines Denkmal an den Gefallenen.«

»Dann ist wohl Urgroßvater Karl hingefallen und dabei blieb die Uhr stehen?«

»Nein, nein.«

»Ich meine, ist sie beim Hinfallen kaputt gegangen? Um dreiviertel drei, wie ich's hier ables'?« fragte ich.

»Sie steht«, sagte Opa, »und fertig. Und frag nicht so viel! – Uhr ganz machen, so ein Quatsch.« »Aber ...«

»Nichts da, Schluss! Kinderwille ist dreckswert!«

Oh, den Satz hab' ich mir behalten, der saß sozusagen. Für eine quengelnde Frage, voller Ungeduld, und Probieren, wie weit man gehen kann, bekam ich eine, wie ich heute weiß, völlig unangemessene Reaktion: »Kinderwille ist dreckswert.« Das können Sätze sein, aus denen dann fette Depressionen wachsen oder Schwermut. Ja, man fasst dann später im jugendlichen Alter schwer Mut, zu fragen, zu drängeln nach der Weisheit letztem Schluss.

Dann starb mein Opa, und er brauchte nun endgültig nie wieder zu arbeiten. Ab 50 war Opa Otto zu Hause gewesen und wollte nur noch »seine Ruhe haben«. Ich habe nie versucht, herauszubekommen, wie er es angestellt hat, dem Aufbau des Sozialismus fernzubleiben, ihm sozusagen den Rücken zu kehren – im eignen Land, und zwar ganz offiziell. Mehr noch, er bekam ja auch noch obendrein eine ausreichende Rente, um zumindest für Schweinsbraten, Klöße, Kefir und Katzes Lungenhaschee aufzukommen.

Was hat Schwejk Otto der sozialistischen Arbeitskommission erzählt? Und er war ja sogar aus der BRD wieder zurückgekommen. Ja, ja, ja, Opa war im Westen ... abgehauen und dann wieder zurück in die DDR. Anfang der 60-er. Nun schimpfte er auf den Westen, und ich hatte das Gefühl, einzig in der autonomen Gebirgsrepublik Suhl fand er Zuflucht, Unterschlupf, kurz, er durfte für den Rest des Lebens in Thüringen sein Dasein fristen.

Warum kam Otto zurück? Brauchte er womöglich deshalb nicht zu arbeiten in der DDR, weil er einer von den 100.000

war, die zurückkehrten in den Osten? Oder umgekehrt: War das Arbeiten im Westen zu hart und zu anstrengend, und ging er deshalb heimwärts nach Thüringen, wo der Sozialismus »siechte«? Ja, er siechte dahin, auch weil mein Opa Otto so arbeitsscheu war, das aber geschickt zu verbergen wusste. Trug er so zum schnelleren Fall der Mauer bei? Oder war Opa Otto wirklich ernsthaft krank, hatte womöglich kaputte Nieren, wovon ganze Katzendynastien kündeten, die er sich um den mächtigen Leib schnürte.

Ich weiß es nicht.

»Hoffnung«? Um Hoffnung geht es nicht nur in Schillers Gedicht.

Der Junge im D 912 hofft sehnlichst, dass der Vater kommt und Fips mitbringt und dass er nicht allein zurückgelassen wird.

Die Großmutter hofft auf Ruhe und Frieden im Haus, und mit Opa gemeinsam hofft sie, dass die Türschwellen nicht noch mehr zerstört werden.

Der Opa hegt die Hoffnung, dass man seine Spickkünste lobt, auch dass der Junge den Wald verstehen lernt und dass ihm ja keine unbequemen Fragen gestellt werden.

Ja, und ich hoffe, dass Oma und Opa im Himmel sind, was ja bei Opa durchaus nicht so selbstverständlich ist – wegen seines Jähzorns und seiner antisozialistischen Arbeitshaltung. Und wenn der Herrgott in seiner Gnade den Opa in den Himmel aufgenommen hat, dann hoffe ich mal, dass es dort im Bedarfsfall auch Katzenfelle gibt.

PS: Bezug nehmend auf den ersten Teil der Geschichte, also auf beschriebene Phänomene unserer Gegenwart: Wäre der Opa noch am Leben, hätte er in Abänderung der Verfassung der Bundesrepublik Deutschland mit großer Wahrscheinlichkeit gesagt: »Menschenwürde? Die Würde des Menschen ist in dieser Gesellschaft deckswert, Jüngle!« Dem Opa durfte man nicht widersprechen, und wo er Recht hat, hat er Recht.

Ist also derjenige ein hoffnungsloser Fall, der trotzdem die Hoffnung auf ein besseres, ein würdiges Miteinander, nicht aufgibt? Berufen wir uns auf den Dichter, der uns dazu ermutigt, wenn er sagt:

»… zu was Besserem sind wir geboren.«

Lerne Schweigen, ohne zu platzen!

»Lerne Schweigen, ohne zu platzen!« – Das Dritte Sächsische Gebot. Sie erinnern sich: Dieser Satz hing bei uns über dem Küchentisch in Dresden-Alttrachau, dem Gegenentwurf zum Weißen Hirsch. Ja, liebe Leser, ich weiß, dass Sie das schon mal gelesen haben, aber manche Dinge kann man nicht oft genug wiederholen.

Manchmal saßen meine Mutti und ich am Küchentisch, und links über der Wachstuchdecke oberhalb der gelben Ölsockelwand, genau: der mit dem schief gezogenen kasslerbraunen Strich, da hing dies Sprüchlein. Für mich kleinen Jungen hieß das: Nicht wegrühren vom Fleck, bleib ganz ruhig, harre aus, geduldig! Und genau das machte mich wütend, weil ich überhaupt nicht verstand, wieso ich ruhig bleiben sollte, schweigen angesichts der Ungerechtigkeit, die da herrschte im Vorderhaus der Leipziger Straße 226. Die im Vorderhaus hielten sich immer für etwas Besseres. Beispiel gefällig?

Die junge Frau Hofmann, die schon über 50 war, aber deshalb »die junge« hieß, weil es in derselben Familie noch eine alte Frau Hofmann gab, die die Schwiegermutter der Jungschen darstellte, weshalb sie auch Hofmann hieß; die war gar nicht viel älter – so kam es mir jedenfalls vor. Die Junge war, wie gesagt, schon über 50 und für mich hornalt. Wie alt die Alte war? Jünger … ich weiß es nicht.

Herr Hofmann, der Sohn der Alten und Mann der Jungen, war ein Grobian, und ich erinnere mich noch daran, dass er – sommers wie winters – nur mit schwarzem Lederhut und blauem Arbeitsmantel unterwegs war. Meine Mutti sagte immer: «Dor Blockwart«, denn dieser Bösewicht, der selten sprach und Kinder hasste, lauerte allzeit lungernd im Haus herum. Wahrscheinlich brauchte er gar keine Wohnung, denn er war ständig unterwegs und machte sich einen Spaß daraus, uns Kinder zu erschrecken. Mit seinem dämlichen »Bui!« oberhalb des Hochparterres nagelte er mich oft auf dem Treppenabsatz fest.

»Wo willst du denn hin, kleiner Mann?« »Zu Frau Domaschke, den weißen Elefanten anschauen, aus Porzellan. Wirklich, Herr Domaschke hat mich extra eingeladen«, erwiderte ich ängstlich. »Domaschkes schlafen, komm später wieder!«, und dabei fegte er den Flecken Linoleum auf der 4. Treppe. Anschließend wurde dieser geschrubbt, eingebohnert und blank gewienert mit der Keule, »dor Bohnerkeule«.

Und wehe, ich betrat den Fleck, geschweige denn die Treppe!

Das konnte ich schon als kleines Kind nicht einsehen, und später habe ich es immer als zutiefst abartig und abstoßend empfunden, kleinlich, überflüssig und völlig hohl. Die Zeit, die dabei sinnlos totgeschlagen wurde!

Für einen Fetzen Linoleum sperrte Hofmann – mit einem f – quasi das gesamte Vorderhaus ab. Und das Schlimmste daran war, dass alle Hausbewohner es ab sofort genauso zu machen hatten. Linoleumfleck kehren, schrubben, einbohnern, einziehen lassen, dann blank bohnern, und zwar blankfein mittels Bohnerkeule, und zum krönenden Abschluss durfte man den Fleck eine halbe Stunde nicht betreten. Nein, der Fleck musste ziehen. Noch mal:

Ein Fleck musste ziehen … Deshalb war die gesamte Treppe gesperrt, weil ein 25 cm^2 großer gebohnerter Linoleumfleck ziehen musste. Ist das nicht absurd? Nein, das ist deutsch!

Und damit auch niemand der Vorder-und Hinterhäusler auf die Idee kam, sich um den Fleck zu mogeln, wurde die Treppe, wie bereits erwähnt, abgesperrt. Ein Seil spannte sich von dem vom Messingknauf bekrönten Geländer einmal quer zur Hauswand hin, in welcher ein extra eingeschlagener Haken bereitwillig das Seilende aufnahm. Alles diente diesem dämlichen, lächerlichen und völlig nutzlosen Fleck, einschließlich der Parole auf dem Absperrschild: »Vorsicht! Treppe frisch gebohnert!«

Warum mir dies alles noch so präsent vor Augen ist und warum ich mich so lang und breit noch nach 40 Jahren so »eschowiewiere«? Weil sich in diesem kleinen Fleck der Geist, oder besser gesagt, der Klein- und Ungeist der Hofmanns widerspiegelte, und von denen gab es (gibt es?) nicht wenige.

Der Krieg war damals gerade 26 Jahre zu Ende. Und Menschen wie Herr Hofmann – mit einem f – brauchten eine Aufgabe. Halt, einen Posten! Den hatten sie nämlich oft in der Nazizeit. Und sie wollten glänzen wie der Fleck und beweisen, dass sie sehr wichtig, sehr vorbildlich, sauber und wachsam sind, vor allem »sehr«.

Und wehe, ein 8-jähriger Knabe will zu Frau Domaschke, die Zunge des Porzellanelefanten ansehen! Der hat zu warten, bis der Fleck eingezogen ist, also besser: abgetrocknet. Es könnte ja jemand ausrutschen auf dem … na, Sie wissen schon …

Nachdem ich also nach 26 Minuten wiederkam, um erneut Anlauf auf Frau Domaschkes Elefanten zu nehmen, war noch immer abgesperrt. Da ich nun Anstalten machte, das Seil übersteigen zu wollen, schoss die junge Frau Hofmann – mit einem f – wie von der Tarantel gestochen und ohne Vorwarnung aus Richtung Kellertreppe hervor.

Nun passierte etwas, wovon ich noch heute manches Mal schweißgebadet aufwache:

Mit einem Schrubber bewaffnet, seifte sie mir zehnmal mit kurzen hektischen Stößen den Rücken ab. Mein neuer brauner Anorak aus der Schweiz, Mutti hatte einen Großteil ihrer Jahresendprämie dafür hingeblättert, war perdu, und ich blieb geschockt, wie angewurzelt, auf der vierten Treppe stehen.

Mutti meinte nur lakonisch: »Warum bist du denn nicht weitergelaufen?« »Mensch, Mutti, ich konnte nicht.«

Ich war fassungslos, dass es Erwachsene gab, die zu Kindern so gemein waren und sich darüber auch noch diebisch freuen konnten. »Dich meld' ich«, schrie Frau Hofmann-jung.

Und ich, blind vor Wut, schrie zurück: »Lerne Schweigen, ohne zu platzen!«?

Eines aber habe ich doch gelernt, als mir der Pelz gewaschen wurde: Es gibt Menschen mit einer Wirbelsäule, und dann gibt es noch welche mit einem Rückgrat. Das weiß ich aber erst heute, gefühlt habe ich es schon damals.

Oder wie Goethe noch treffender formulierte: Es gibt solche und solche, und dann gibt es noch die anderen, und das sind die schlimmsten.

Von der Seele, einer Tür zur Welt und Bäcker Pötschkes Kuchenrändern

Er war »eine Seele von einem Menschen«.

Das ist wohl so ziemlich das Höchste, was man von einem Menschen sagen kann.

Eine »Seele von einem Menschen« meint doch immer das Gütige, das Weiche, das ausgewogen Ruhige.

Eine Seele aber besteht aus vielen einzelnen Seelen. Nicht »Seelchen« wie im russischen Märchen, sondern Seelen, die aufgespalten sind, die nebeneinander existieren, gleichberechtigt, im glücklichsten Falle harmonisch.

Neulich hörte ich den Disput zweier Seelsorger, zweier »sich um die Seele Sorgender«.

Und einer dozierte ganz unmissverständlich: »Es gibt eine kulturelle Seele des Menschen, eine soziale Seele, eine sexuelle, eine kindliche, eine männliche und eine gefühls … Kurz: Ein Mensch ist aus vielen Einzelseelen zusammengesetzt, und wenn er, der Mensch, Glück hat, wird daraus eine Persönlichkeit.«

Bum! Das hatte gesessen. Kein Widerspruch! Sonnenklar.

Mir war, als hätte ich zum ersten Mal in meinem Leben etwas vollständig begriffen. Einleuchtend, nachvollziehbar, hart, kurz, schmerzlos. Und dieser Satz war nicht nur für mich bestimmt, was ihm zu umso mehr Gewicht verhalf.

Es blieb mir nichts anderes übrig: Ich musste nun herausfinden, ob ich eine war. Eine was? Eine Persönlichkeit.

Gut: Im früheren Leben, also bis 1989, war ich eine, sogar von Geburt an. Wenn auch nur eine sozialistische. Aber immerhin, und das wollen wir nicht vergessen: Ich, Uwe, war nicht nur eine sozialistische Persönlichkeit, sondern auch und sogar eine, ja, vor allem eine allseitig gebildete sozialistische Persönlichkeit.

Eine Seele, die ja nachweislich nicht aus Materie besteht, sollte ich eigentlich nicht haben im Sozialismus; die hatte keinen Platz in der Marx'schen materialistischen Philosophie; aber eine Persönlichkeit, eine allseitig gebildete sozialistische Persönlichkeit, das war ich, und das sollte ich auch sein.

War sie nicht im Sinne der modernen Seelsorger, diese ideale, allseitig gebildete sozialistische Persönlichkeit? Wohl eher nein, wie ich die Sache sehe, bzw. nur sehr eingeschränkt.

»Allseitig gebildet« … klingt wie unfehlbar, vollkommen, nichts in Frage stellend. Wollte ich das sein? Wer war ICH? Und da erinnerte ich mich an meinen Weg und erinnerte mich an Lessing.

In der neunten Klasse hatte ich einen Satz vom großen Aufklärer und Theatermacher und Kamenzer Sachsen Lessing gelesen. Einen Satz, der mich schon damals veränderte, weil er tröstete, anspornte, Zeit gab. Immer wieder in meinem Leben war das so, und immer wichtiger wurde der Satz: »Eigene Erfahrung ist Weisheit«.

Was hatte ich erfahren, das mich reifen ließ, »weise« machte im Alter von sechzehn?

Ich kam im Hinterhaus zur Welt. Nicht in irgendeinem Hinterhaus, sondern im ersten.

Die Zahl sagt's. Im Vorderhaus konnte jeder wohnen, ins erste Hinterhaus durften nur Auserwählte. Ich hatte keine Ahnung, wie ich zu dieser Ehre kam. Wer zu uns wollte, ging zuerst durch eine große dunkelbraune Haustür. Dreiflügelig und so schwer, dass man seine Lederhose kräftig dagegen drücken musste, um sie dann mit der Hüfte aufstoßen zu können.

Im Sommer trug ich kurze Lederhosen, im Winter lange mit »Kniern« drunter. Die rollten immer runter, sodass ich ständig gebückt laufen musste, um sie wieder hochzukrempeln. So war mein Blick der Erde näher als dem Himmel. Weil der Kniestrumpfgummi nicht elastisch war, wurde mein Rückgrat krumm. Die Weichmacher im Gummi fehlten; die DDR verfügte nicht über genügend Weichmacher.

Das war mein Segen, wie ich heute weiß.

Meine Tür zur Welt war die dunkelbraune Holztür, die mit einem Eisenbahngeräusch schloss, ja »Eisenbahngeräusch« – da bestehe ich drauf. Immer, wenn diese gewaltige Tür aufging, entwich Luft aus ihr. Oben war eine Art Bremse eingebaut, die die Tür sanft zuschlagen ließ. Wie eine Dampflok klang meine dunkelbraune Tür zur Welt.

Draußen auf der Straße war die Welt, meine Welt. Bis dahin lief ich jedoch erst durch das stuckbeköpfte Haus wie durch das Abteil eines alten, schönen Zuges, und wenn ich kräftig an der Tür zog, öffnete sich die Tür zur Welt und die Türbremse rief leise: »Gib Acht. Komm' nicht unter die Räder. Lauf nicht zu schnell auf die Straße!«

Die allergrößte Angst auf diesem Weg zur Welt, der durch mein schönes Zugabteil führte, hatte ich vor einem Schild: »Bei Gasgeruch muss Hilfe her!« Ein gefährliches Schild mit einer Schlange darauf und der Kernbotschaft: Hüte dich vor der Gasschlange! Eine Schlange ist ja ohnehin schon gefährlich. Wie gefährlich musste erst die Gasschlange sein! Mein Gott! Woher kommt sie? Kriecht sie durch die Gasleitung? Blau züngelnd konnte sie sich womöglich aus dem Gasherd schlängeln, und wenn dann das Streichholz nicht rechtzeitig genug zündete?!

Die abgebrannten Streichhölzer wurden gesammelt und verkehrt herum in die Streichholzschachtel gesteckt. Zehn volle Schachteln mit abgebrannten Streichhölzern ergaben zusammengebunden ein Holzscheit. Eine Extrabeigabe für den Glutos-Beistellherd.

So sparte meine Schneeweiß-Oma noch im Jahre 1973.

Das war die Zeit, als Angela Davis in Berlin bei den Weltfestspielen umjubelt und Walter Ulbricht gerade auf Eis gelegt wurde.

Und die Gasuhr meiner Oma lief nur, wenn sie materiell versorgt wurde mit Groschen. Ohne Groschen kein Gas.

Ohne Groschen gab es auch keine Kuchenränder vom Kleckselkuchen beim Bäckermeister Pötschke in Trachau. Wenn ich mich am Bäckerfenster hochstemmte, hatte ich immer zwei Groschen dabei. Zwei Tüten Kuchenränder gab es dann dafür. Von einer Tüte wurde ich nicht satt, und außerdem konnte ich mit den restlichen Kuchenrändern »kaupeln«. (Tauschen natürlich!)

Durcheinander gepackt wurden die Kuchenränder vom Bäckermeister nicht. Das kam gar nicht in die Tüte. Entweder Mohnkuchen und Eierschecke oder Kokos und Klecksel. Für zwei Groschen herrschte ich über die Welt des Kuchens. Kuchenränder, meist noch warm, schmeckten immer besser als ganze Stücke, für die man vorne in den Laden musste wie die anderen gewöhnlichen Trachauer.

Der Duft von der Bäckerei steckt mir heute noch in der Nase. Ein Duft von Pudding und Vanille durchzog das Gehirn. Ließ das Gehirn weit werden und die verfluchten »Amerikaner« vergessen, die allzu teuer vorn im Laden hockten. Amerikaner in Dresden! Zuckerüberzogene Rundteile, leicht gewölbt und mehr oder weniger nach nichts schmeckend. Schmeckten mir einfach nicht, die Amerikaner, ist auch heute noch so.

Ich weiß jetzt, was es bedeutete, wenn Bäckermeister Pötschke von »Geschmacksbildung« sprach. Warum der Bäcker trotzdem die Amerikaner buk, bleibt wohl sein Geheimnis. Am Hang zur Internationalität kann es nicht gelegen haben, obwohl ... ja, doch: Es gab weiße Amerikaner und dunkle. Die dunklen schmeckten. Das waren die mit Schokoüberzug. Schwarz oder weiß? Die Frage wurde beim Bäckermeister entschieden. Und Uwe war immer für die Guten. Und die Guten waren schwarz. In Trachau gab's zur damaligen Zeit überhaupt nur gute Schwarze.

»Du musst noch etwas über Jesus Christus schreiben«

»Du musst noch etwas über Jesus Christus schreiben!« »Warum?« »Na, weil dessen Name doch im Buchtitel vorkommt.« Eigentlich war ja schon einige Male von ihm die Rede in den Geschichten, aber es stimmt: nicht ausführlich und auch nicht als eigentliches Thema.

Jesus Christus, sein göttlicher Vater und der Heilige Geist waren für uns in der DDR nicht im Programm vorgesehen. In der Schule wurde kaum darüber gesprochen und bei mir zu Hause auch nicht. Ich hatte auch keinen Religionsunterricht. Für ganz wenige nur gab es eine Konfirmation bzw. Kommunion; an deren Stelle war die sozialistische Jugendweihe getreten mit fast 100-prozentiger Teilnahme der 14-jährigen Schüler.

Über den Jesus am Kreuz oder den Heiligen Sebastian auf den Bildern in der Gemäldegalerie konnte ich mich nur erschrecken und wundern. Es gab Jugendliche, die Mitglied der Jungen Gemeinde waren. Verboten war das nicht, aber auch nicht erwünscht, ebenso wenig wie Kirchgänge oder Taufen.

Wie allgemein bekannt, spielte die Kirche trotzdem – oder gerade deshalb – in der Vorwendezeit und bei den Wendeereignissen eine nicht zu unterschätzende Rolle.

Aber nun muss und will ich ja über Jesus Christus schreiben:

Jesus Christus!? Ich stelle mir vor, wie der da oben auf seiner Wolke zur Rechten Gottes sitzt und so manches Mal fassungslos den Kopf schüttelt, wenn er sieht, was die da unten, also wir, verzapfen. Vielleicht flucht er sogar, wenn es ihm gar zu bunt wird. Nein, natürlich nicht! Fluchen darf er nicht, und außerdem ist er Schlimmes gewöhnt und wundert sich mittlerweile über gar nichts mehr. Zu seinen Lebzeiten auf Erden, da konnte es ja geschehen, dass er die Geduld verlor, aber das ist lange her. Grund genug hätte er jedenfalls, sich aufzuregen und mal wieder richtig laut zu werden.

Da gibt es zum Beispiel zwei Parteien in der Bundesrepublik Deutschland, die seinen Namen tragen und dazu auch noch wunderschöne Zweitnamen: »Demokratische« bzw. »Soziale«. Zurzeit sind diese Parteien gerade an der Regierung, und sie machen ihm, also Jesus Christus, nichts als Verdruss, weil sie mit konstanter Boshaftigkeit alle, aber auch wirklich alle Hebel in Bewegung setzen, damit die Reichen immer reicher und die Armen immer ärmer werden, und genau das muss Christus ja als unverhüllten Angriff auf seine Person und sein Programm werten.

Als Jesus noch auf der Erde lebte, konnte er ja ganz schön aus der Rolle des Friedfertigen fallen und schrecklich wütend werden, so zum Beispiel, als er die Geldwechsler und Taubenhändler aus dem Tempel trieb. Bei der letzten Finanzkrise hätten die Banker bei ihm nichts zu lachen gehabt. Sie wären bestimmt nicht belohnt worden für Gier, Betrug und Misswirtschaft, im Gegenteil: Man traut dem Gottessohn zu, dass er sie konsequent bestraft hätte, weil es hier um Recht und Gerechtigkeit ging. Mit Gewissheit wären sie ohne Wenn und Aber zur Rechenschaft und zur Kasse gebeten worden.

Und dass die Manager und all die anderen Millionäre und Milliardäre nicht in seinen Himmel kommen, dass sie vielmehr mit allergrößter Wahrscheinlichkeit in der Hölle schmoren müssen, das hat er ja unmissverständlich klargestellt:

»Abermals sage ich euch: Es ist leichter, dass ein Kamel durch ein Nadelöhr geht als ein Reicher in das Himmelreich.« (Matthäus 19)

Und was die Reichen sich so dachten bzw. denken, wenn sie sowohl das eine als auch das andere haben möchten, von wegen!

»Niemand kann zwei Herren dienen … Ihr könnt nicht Gott dienen und dem Mammon.« (Matthäus 6)

Mit der weltlichen und geistlichen Obrigkeit hatte es sich ja Christus auf Erden restlos verdorben. Kein Wunder! Was musste er sich auch immer wieder mit ihnen anlegen?!

Da konnte es ja schlimmstenfalls sogar geschehen, dass er alle Nächstenliebe und seine gute Kinderstube vergaß.

Richtig böse konnte der Sanftmütige werden, sogar bitterböse. So, als er den Vertretern der Obrigkeit ewige Verdammnis in Aussicht stellte und »Heulen und Zähneknirschen« beim Höllensturz und beim Aufenthalt in der Hölle. Und gegen die Pharisäer und Schriftgelehrten wetterte er bei allen passenden Gelegenheiten heftigst und bezeichnete sie u. a. als »Heuchler« und »Natterngezücht«.

Was wohl der Bescheidene, der noch nicht einmal eine Einraumwohnung hatte, und dem jeglicher Luxus und Prunk ein Gräuel waren, von seinem pompösen Stellvertreter auf Erden und dessen Hofstaat hält?

Der Papst beansprucht ja für sich, ein Nachfolger von Simon Petrus zu sein, diesem – trotz einiger schwacher Auftritte – wackeren Jünger, der ein Felsen war, auf den Jesus Christus seine Kirche baute. Ein Glück, dass Petrus der Verwalter des Himmelsschlüssels ist und nicht sein Nachfolger!

Diesem aufgedonnerten Papst, dem selbstherrlichen Herrscher über den katholischen Teil seiner Gemeinde, würde Christus sicherlich nicht die *Füße* waschen, wie er das bei seinen Jüngern getan hat, sondern den *Kopf*, und das täte der Gnadenreiche unter Garantie ganz gnadenlos.

Erst einmal würde er seinem Stellvertreter Jesuslatschen anstelle der unbequemen roten Schuhe empfehlen oder in seiner Großmut sogar schenken. Aber dann ginge es zur Sache: Er würde seinen Stellvertreter fragen, wie Prunk und Verschwendung, Korruption und Chaos des päpstlichen Hofstaates oder der florierende Heiligen- und Reliquienrummel mit christlichen Prinzipien zu vereinbaren sind, warum Frauen nicht seine Lehre verkünden dürfen, und bestimmt würde er fragen, warum der Papst seinen Priestern verbietet, Frau und Kinder zu haben, und er würde ausspucken vor denen, die Kinder missbraucht haben.

Auch würde er seinem Stellvertreter Fragen zum Zusammenleben der Kirchen stellen, und es wäre denkbar, dass er, als guter Pädagoge, dem Papst die gründliche Lektüre von Lessings Aufklärungswerken anraten würde.

Christus würde den Dogmenreiter, der sich »Vater« nennen lässt, ganz schön hart ins Gebet nehmen, ihn womöglich als weltfremd und als intoleranten und reaktionären Menschenfeind bezeichnen; das könnte alles passieren bei ihm, der bekanntlich, wenn es sein musste, eine Dirne und eine Ehebrecherin in Schutz nahm.

Kann sein, dass der Papst den folgenden Ausschnitt aus einer Rede, die Jesus an die Jünger und an das Volk richtete, sogar auswendig kennt, an Unkenntnis liegt es also sicher nicht, wenn nichts angekommen ist beim »Vater«.

» … Auf dem Stuhl des Moses sitzen die Schriftgelehrten und Pharisäer. Tut und haltet alles, was sie euch sagen, nach ihren Werken aber richtet euch nicht. Sie binden schwere und unerträgliche Lasten und legen sie auf die Schultern der Menschen, selber aber wollen sie mit keinem ihrer Finger daran rühren. Alle ihre Werke tun sie, um sich sehen zu lassen von den Menschen; denn sie machen ihre Gebetsriemen breit und groß ihre Quasten. Sie nehmen gern den Ehrenplatz ein bei den Gastmählern und die ersten Sitze in den Synagogen und lassen sich grüßen auf den öffentlichen Plätzen und von den

Leuten als Meister anreden. Ihr aber sollt euch nicht als Meister anreden lassen; denn einer ist euer Meister; ihr alle aber seid Brüder. Auch als Vater sollt ihr niemand von euch anreden auf Erden, denn einer ist euer Vater, der im Himmel …« (Matthäus 23)

Die Verfolgung der Christen hat Jesus ja vorausgesehen. Sie war ein schlimmes Kapitel, aber muss es ihn, der die Tötung von Menschen als schwere Sünde ansah, nicht auch furchtbar geschmerzt haben, dass seine Stellvertreter auf Erden in großinquisitorischer Manier seinen Namen missbrauchten und Zehntausende von Menschen auf Scheiterhaufen verbrannten?

Dass Ritter, sein Kreuz vor sich hertragend, Juden in Deutschland und Spanien und in seinem Heimatland mordeten und dass sie in unvorstellbarem Ausmaß brandschatzten und plünderten?

Dass man in Amerika und in Afrika Völkermorde beging und die Menschen mit Gewalt missionierte und sich das Land der Missionierten aneignete?

Das ist alles schlimm genug für Jesus Christus, aber es ist längst nicht alles: Muss es ihn nicht grämen, dass die Kinder seiner Gemeinde sich entzweit und schwer gezankt haben und dass sie verheerende Kriege gegeneinander geführt haben?! Ja, und sein Stellvertreter, der will immer noch nicht, dass sie sich beim gemeinsamen Abendmahl versöhnen.

Es bringt ja nichts, aber der Gottessohn könnte verzweifeln, wenn er daran denkt, was gerade die, bei denen sich sein Vater besonders viel Mühe gegeben hat, diese gelungenen Meisterwerke, auf die er stolz war, was ebendiese »vollendeten« Geschöpfe der Erde antun, die sie eigentlich nach seinem Willen mit Demut behandeln sollten.

Ja, das ist alles schwer zu verkraften für Jesus Christus.

Sicherlich, sein Kollege Mohammed und dessen oberster

Herr sind auch nicht zu beneiden. Sie haben ebenfalls große Probleme und eine Fangemeinde, in der es sehr, sehr schwarze Schafe gibt, aber das kann kein Trost für ihn sein, ganz gewiss nicht.

Aber nun zu der Gretchenfrage:

»Nun sag, wie hast du's mit der Religion? ...«

»Glaubst du an Gott? ...«

Die Frage nach dem Glauben zu beantworten, ist unglaublich schwer. Aber wir lassen nicht locker:

»Wie stehst du zu Ihm, was verbindet dich mit Gott-Vater, Gott-Sohn und Heiligem Geist?«

Nein, bitte nicht vorschnell urteilen: Keine Gotteslästerung meinerseits soll hier zum Vorschein kommen, bei Gott nicht.

Nur habe ich Angst, ja, Angst, mich zu erkennen zu geben. Es sind ja nicht alle immer nur gut zu einem, also mir.

Wie schnell ist ein Wort dem Mund entronnen und kann nicht mehr zurückgeholt werden. »Hüte deine Zunge!«, das ist's, wenn ich an mein persönliches Verhältnis zu Jesus Christus und zum Glauben denke. »Uwe, sei nicht wohlfeil, und öffne dich dem, der es wert ist, Vertrauen zu genießen.«

Wo Vertrauen ist, Verstehen, Weite des Herzens, leichtes Erdendasein, da ist etwas Göttliches, da ist Jesus Christus. Höre ich im Frühling die ersten Amseln zwitschern, dieses tröstende Jubilieren, so herrscht wohlige Freude in meines Herzens Grund.

Die Natur in ihrer unendlichen Vielfalt, sie hat etwas Göttliches.

Etwas Göttliches? Gott? Jesus Christus? Gibt es einen Namen dafür?

Faust sagt in seiner Antwort auf Gretchens Frage:

» ... Nenn's Glück! Herz! Liebe! Gott!
Ich habe keinen Namen
dafür. Gefühl ist alles;
Name ist Schall und Rauch ...«

Ich liebe diese altmodischen Worte, die Schönheit und Kraft der Sprache. Auch die Sprache, die überaus reiche menschliche Sprache, hat etwas Göttliches.

Jesus selbst war ja ein ganz großer Meister der Sprache.

Er war außerordentlich aktiv in seinen Taten. Er, der Barmherzige, half unzähligen Menschen, und er vollbrachte – mit Gottes Hilfe natürlich – große Wunder. Sie erinnern sich:

Er konnte problemlos Besessene, Aussätzige, Blinde und Lahme heilen; und es war schon staunenswert, als er Wasser zu Wein machte und mit fünf Broten und zwei Fischen 5 000 Menschen speiste. Dabei blieben sogar noch zwölf Körbe übrig; es wurde nichts weggeworfen. Dieses Wunder wiederholte er dann noch an einem anderen Ort in ähnlich erstaunlichen Dimensionen. Toll war auch, wie er Wind und Wellen gebändigt hat und Tote lebendig werden ließ.

Wunder sind des Glaubens liebste Kinder. Man mag nicht daran glauben, aber es ist wohl eine Tatsache, dass dieser Jesus Christus außergewöhnliche Kräfte und Fähigkeiten besaß.

Er verlangte, das ist unbestritten, von sich und von seinen Jüngern immer eine Nächstenliebe der Tat. Aber ebenso wichtig, wenn nicht sogar wichtiger, und von der Tat nicht zu trennen, war ihm das Wort. Damit konnte er die Menschen erreichen wie kein anderer, er konnte sie »fangen«. Zusammen mit seinen Jüngern »Menschenfischer« zu sein, war sein erklärtes Ziel.

Man sagt, dass die, die ihn hörten, wirklich gefangen waren, dass sie »voller Spannung« seinen Reden folgten. So etwas kann ja bekanntlich auch böse ausgehen, aber Christus hatte seinen Zuhörern ja erstens etwas zu sagen, und zweitens etwas zu ihrem Nutzen.

Fällt Ihnen jemand von unserer Obrigkeit ein, von dem Sie das behaupten könnten?

Viele seiner Worte sind in unserer Sprache zu geflügelten Worten geworden. Sie aufzuzählen würde viele Seiten füllen, hier nur einige davon: »jungen Wein nicht in alte Schläuche gießen« ... »Wer dich auf deine rechte Wange schlägt, dem halte auch die andere hin!«, der »Wolf im Schafspelz« ... »Der Mensch lebt nicht von Brot allein«, »auf Sand bauen«... »Suchet und ihr werdet finden.« ... »Nicht der Gesunde bedarf des Arztes, sondern der Kranke.«

Jesus und seine Jünger betraten ein Haus mit den Worten: »Friede diesem Haus.«

Und die vielen wunderbaren Gleichnisse und Bilder, die Jesus erfand! Wer denkt dabei zum Beispiel nicht an das Gleichnis vom verlorenen Sohn? Oder das Folgende:

»Und was macht ihr euch Sorge um die Kleidung? Betrachtet die Lilien des Feldes, wie sie wachsen! Sie arbeiten nicht und spinnen nicht, und doch sage ich euch: Selbst Salomon in all seiner Pracht war nicht gekleidet wie eine von ihnen.« (Matthäus 6)

Wollte Jesus ein Zurück zur Natur? Gar zum Eva-Kostüm? Unbeschwerte, unbegrenzte Freizeit statt geordneter Arbeit? Es ging ihm wohl eher um Gottvertrauen und um Gelassenheit bei den alltäglichen Dingen des Lebens, und für ihn waren es eben nicht die Kleider, die die Leute machten.

Dem Wort kann eine große Kraft innewohnen.

Und steht nicht sogar geschrieben: »Im Anfang war das Wort«? Was kommt dann am Ende, auch »nur« ein Wort? Wenn ja, welches? Wenn nein, welches nicht? Darf ich so nicht denken? Sind nicht die Gedanken frei? Die Sprache, unsere schöne deutsche Sprache, darin liegt, wie gesagt, für mich auch etwas Göttliches, unfassbar herrlich Herzliches, wenn ich die richtigen Worte finde, finden kann.

Und oft ist es sicherlich genau das, was mir Jesus sagen möchte: »Finde das rechte Wort!« Als Geländer, als verlässliche Stütze, gebe ich dir die Heilige Schrift, und noch wichtiger – für mich zumindest – die zehn Gebote.

Sie erinnern sich?

»Du sollst nicht töten; du sollst nicht ehebrechen; du sollst nicht stehlen; du sollst nicht falsches Zeugnis geben! Ehre Vater und Mutter und liebe deinen Nächsten wie dich selbst!« (Matthäus 19)

Diese Gebote nannte Jesus auf die Frage eines interessierten Jünglings. Es sind noch nicht alle, aber vielleicht die wichtigsten, neben dem ersten Gebot, dessen Kenntnis er in diesem Fall voraussetzte.

Fallen Ihnen noch mehr Gebote ein? Ach ja: »Du sollst den Feiertag heiligen!«, ein sicherlich auch für Jesus wichtiges Gebot. Nun war Jesus aber alles andere als ein dogmatischer Gebotebefolger, eine Tatsache, die ihm die Schriftgelehrten und Pharisäer sehr verübelten. Jesus heilte auch am Sabbat, wenn es nötig war, und das sogar des Öfteren.

Für ihn brach auch die Welt nicht zusammen, wenn sich seine Jünger mal nicht die Hände wuschen, auch wenn es die Vorschriften verlangten.

»Du sollst Vater und Mutter ehren! Ehre und die damit verbundene Achtung gegenüber Menschen heißt Respekt, Zuhören, Annehmen, aber auch Wachsamkeit, letzten Endes auf der Hut sein. Jesus ermahnte seine Jünger nicht umsonst wiederholte Male zur Wachsamkeit.

Nichts, aber auch gar nichts, ist sicher, das ist sicher. Lob dem Unsicheren! Es kommt doch immer ganz anders als ausgemacht, und dann brauchst du das Geländer, eine Struktur, einen geregelten Tagesablauf, der kein Hetzen zulässt.

Ich brauche Ruhe, Gewissheit, das beruhigende Ticken meiner Standuhr. Zeit ist Gnade. War Jesus arbeiten? Jesus hat uns das Finden von Ruhe vorgemacht. Er suchte zu seiner Besinnung die Stille der Wüste oder des Berges. Nun finden wir in Dresden oder Berlin aber kaum einen so idealen Platz der Stille, das dürfte uns sehr schwerfallen, aber ein einigermaßen ruhiges Plätzchen und Zeit zum Ausruhen und zur Besinnung sollten wir finden, möglichst jeden Tag.

Mir hilft das, weniger Angst zu haben vor dem, was schwer zu bewältigen ist. Und alles, was mir Angst nimmt, macht mich ruhiger und damit gewissenhafter.

Es war immer schon für viele Menschen tröstlich zu wissen, dass auch Jesus nicht ohne Angst und Zagen war. Er war nicht der tapfere furchtlose Held; er konnte auch kleinmütig sein, und er hatte schlimme Angst vor dem Tod am Kreuz.

Meine Begegnung mit Ihm ist von Langfristigkeit geprägt. Ich will nicht eilfertig dahinsagen, was ich mit Ihm zu schaffen habe oder hatte. Umgekehrt, genau umgekehrt wird ein Schuh daraus: »Herr Jesus, kümmere dich bitte auch weiter um mich.« Das sage ich hoffend, aber auch zweifelnd.

Ja vielleicht ist es das: der Zweifel. Ich zweifle, ich zweifle. Ein herrlicher Widerspruch! Ich=Zwei. Da waren es schon zwei. Das heißt, ich bin nicht allein und im Zweifelsfalle ist der Zweifel eine Falle?

Dieser Exkurs in die Sprachanalyse überzeugt Sie nicht? Sie haben da Ihre Zweifel? Gut so! Geht mir ähnlich. Ist aber doch ein ganz, ganz kleines bisschen einleuchtend, oder?

Zum Leben gehört für mich der Zweifel. Solange ich zweifle, bin ich bei Gott. Das Leben selbst aber ist kein Zweifel, es will erobert sein. »Erkenne dich selbst«, heißt das Orakel von Delphi. Aber was heißt das, bedeutet dieses »Erkenne dich selbst!«? Für mich heißt es, dass ich Fehler haben darf. Ich bin ein Mensch mit Fehlern, Gott sei Dank.

»Naja … Nee … Nu…«

Das ist zutiefst sächsisch und drückt ganz wesentlich aus, worum es beim Sachsen geht. Dieses Bekenntnis zum Leben zeigt ganz einfach: Er kann sich nicht entscheiden, der Sachse; er ist ein großer Zweifler. Mit derselben Bestimmtheit, mit der er aus vollem reinstem Herzen sagt: »Ja!«, kann er mit ehrlichem Gefühl im Bruchteil der nächsten Sekunde kundtun: »Nein!«, um dann umso überzeugender das bisherige Geschehen zusammenzufassen zu einem für ihn völlig logischen: »Nu.« Er zweifelt, deshalb ist er Gott nah, auch in Bad Gottleuba. Und wenn die Welt morgen untergeht, dann geht sie in Sachsen einen Tag später unter, denn wir zweifeln auch daran, da wir ja Zweifler sind. So auch ich. Ja ich gebe zu, ich zweifle, aber ich verzweifle nicht.

Spaziergang durch das Grüne Gewölbe

Als ich ein kleiner Junge war, sagte meine Mutti oft am Wochenende: »Komm, mein Blondköppel, heute gehen wir ins Schloss zu unserm König. Danach ins Grüne Gewölbe, und dann gehen wir noch Eis essen in die Kondi.« Das war 1968 in Dresden. In Dresden ins Schloss gehen hieß: Über die Dimitroffbrücke mit der Viere fahren und aus der Bahn gezeigt bekommen: »Da hat er gewohnt. Überm Georgentor. Unser König. Den Übergang, siehste den, der führte direkt vom Schloss in die Hofkirche, damit unser König nicht das ganze Volk sehen musste.« So sprach meine Mutti laut in der voll besetzten Straßenbahn. Gerade war sie frisch aufgenommen in die Partei. Am Theaterplatz stiegen wir aus. Ich zog noch einmal meine Kniestrümpfe hoch, rückte meine Lederhose zurecht, weil die kniff immer so. Und ich staunte und staunte und erschrak erst einmal, denn vor der Hofkirche stand ein Löwe. »Brauchst keine Angst haben, der ist aus Sandstein und tut dir nichts, der hat heute schon gefressen.«

Als ich ein kleiner Junge war, da gab es Kuchenränder. Für einen Groschen die Tüte. Und im Grünen Gewölbe gab es einen Kirschkern mit über hundert Köpfen drauf. Genauso einen Kirschkern, wie ich gerade ausgespuckt hatte, hatte einer verschnitzt. Ja, so etwas gab es nur bei uns in Dresden. Dass den Kirschkern im Grünen Gewölbe einer schon vor 400 Jahren ausgespuckt hatte, konnte ich damals nicht wissen. Für Kinder gibt es keine Zeit. Das ist eine Erfindung der Erwachsenen, die sich komischerweise immer dann an »ihre« Zeit erinnern, wenn das Leben fast vorbei ist.

So, und nun geht´s rein ins Grüne Gewölbe. Och nee, die Massen!

Das Grüne Gewölbe August des Starken ist so emotional entstanden wie keine zweite barocke Schatzkammer Europas, ja vielleicht sogar der ganzen Welt.

Was sind die Uffizien in Florenz gegen das Grüne Gewölbe zu Dresden?! Auch genannt »Elbflorenz«. Aber das passt für mich nicht, denn in Florenz florierte die Renaissance, in Dresden blühte der Barock. Hoch!-Barock.

Dresden erlebt jetzt gerade seine Renaissance, die Renaissance des Barock. Wir wollen uns ja mit niemandem streiten, schon gar nicht mit den Uffizien, aber diese unmittelbare, persönliche, leidenschaftliche Beziehung zu Dresden haben nun mal nur wir Dresdener. Ein jeder hier hatte mindestens einen in der Familie, der königlich-sächsischer Hoflieferant war. Oder er kannte einen, der es werden wollte. Und glauben Sie es, oder glauben Sie es mir nicht: Wir alle sind Augusts Kinder.

Gewollt oder ungewollt.

Und wenn morgen wieder die Monarchie zur Wahl stünde, ich wüsste schon, wo meine Dresdener ihr Kreuz hinmachen würden.

So wirkt unser August der Starke durch seine Sammelleidenschaft auch noch nach Jahrhunderten in uns nach. Denn wir sind Teil des Ganzen. Jawohl!

Kollektivbewusstsein aus Barock, das ist Teamgeist für die Ewigkeit. Darunter machen wir es nicht. Ne, ne, ne, ne!

Dass aber leidenschaftliches Sammeln auch Leiden schafft, das erzählen hier die Vasen.

Der preußische König liebte Soldaten, August Vasen aus Chinesischem Porzellan.

Also wurde getauscht: Soldaten gegen Vasen, und beide Seiten waren es zufrieden. Von den Soldaten weiß man nichts mehr. Die Vasen aber haben überlebt. Manchmal hat Sachsen eben auch Glück gehabt, zum Beispiel, was das Porzellan betrifft.

Das »Goldene Kaffeezeug« August des Starken ist Johann Melchior Dinglingers erstes Meisterwerk für das Grüne Gewölbe.

Das ist nicht Porzellan, welches Böttcher erst acht Jahre nach Dinglingers Tod erfand, sondern Emaille. Aber der Dinglinger nahm mit seinem blau-weiß bemalten Trinkzeug quasi das Porzellan vorweg. Er schuf, wonach August sich sehnte: Feste Zerbrechlichkeit, leichte Stabilität. Doch der Reihe nach und eins nach dem anderen:

Für August musste am 23. Dezember 1701 schon Weihnachten gewesen sein.

Ich bitte Sie: Wer braucht ein Kaffeegeschirr, das keiner gebrauchen kann? Richtig! Nur ein König.

August wurde König. Zwar selber eingekauft, aber immerhin. Und wir wollen nicht ganz vergessen: Unseren Zwinger hat weitestgehend der polnische Adel bezahlen müssen. Danke! Auch dafür. Manchmal stelle ich mir vor, wie der arme Melchior Dinglinger im Winter nach Warschau reisen musste, bepackt mit seinem Kaffeegeschirr – die Zeiten waren damals sehr unsicher, und kalt war es außerdem – nur, um seinem König das gepriesene goldene Kaffeegeschirr zu zeigen. August hat es dann 1701 erworben. Bezahlt wurde es 1711.

Der Kaufpreis: 50 000 Dollar – ich meine Taler, sächsisch »Doaler«. Klingt ähnlich. Der Dollar kommt ja auch aus Sachsen. Der Name »Taler« stand Modell für den Dollar. Was kommt eigentlich nicht aus Sachsen?

Sogar die Konsumtionsakzise kommt von uns. Und wie sagen wir heute dazu? … Mehrwertsteuer!

Der Genuss von Kaffee galt Anfang des 17. Jahrhunderts am Sächsischen Hofe als exotischer Luxus. 1672 wurde eine

»indianische Art« Bohnenkaffee als Probe für die Kunstkammer geordert und vermutlich auch gleich dort geschlürft. Na, wer weiß, was das für eine Lorke war. »Lorke« ist sächsisch und etwas stärker als Plärre. »Plärre« ist auch sächsisch, aber ungenießbar.

Das feine Wort »Bohnenkaffee« ist seit 1672 in Sachsen angekommen und bezeichnet uns als echte Genießer. Egal, wie dünne alles daherkommt. Der Verzehr des luxuriösen Türkentrankes galt als sinnvolle Freizeitbeschäftigung bei Hofe. Das war somit der Vorläufer der Wellnessbewegung.

Das Dresdner Prunkservice unterscheidet sich in einem wesentlichen Punkt von vergleichbaren Stücken dieser Zeit. Es ist nicht nur ein barockes Gesamtkunstwerk, sondern auch, und vor allem, der Idee des Tafelaufsatzes verpflichtet.

Es ist funktional, wenn auch nicht benutzbar. Unbenutzbar, aber repräsentativ.

Voll spielerischer Eleganz und sicher ein willkommener Zeitvertreib für Plaudereien. Was gab es da nicht alles zu entdecken! Ganze Geschichten waren im goldenen Kaffeesatz ablesbar.

Auf einem Deckel der Schwanendosen beispielsweise findet sich eine Darstellung aus Ovids »Metamorphosen«. Der römische Dichter beschreibt, wie der Jäger Aktaion unvermutet im Wald der Jagdgöttin begegnet, die gerade mit ihren Nymphen ein Bad nimmt – nackt – und er guckt auch nicht weg. Im Zorne der Überraschung, sozusagen im Affekt, verwandelt die Göttin Aktaion in einen Hirsch. Der arme Kerl wird von seinen eigenen Hunden gehetzt und zerrissen. Ist das nicht furchtbar? Hätte er die Hunde zur Ausbildung gegeben, könnte er noch leben. Zwar als Hirsch. Aber der hat ja auch seine Möglichkeiten!

Übrigens sind die beiden ovalen, reich verzierten Golddosen von 11 cm Länge und 6,4 cm Höhe.

Elfenbeinputti müssen die Dose buckeln. An deren Längsseiten sind Delfinpaare aufgesetzt, üppig mit Brillanten prahlend. Wie Brezeln schmücken zwei weiß emaillierte mit den Hälsen verschränke Schwäne die Dosenhenkel. Und sie schmücken eben nicht nur. Sie dienen auch: Als Henkel.

Überhaupt, die Schwäne – Lieblingsmotiv des Grafen Brühl, der später ein ganzes Service, das so genannte »Schwanenservice«, anfertigen ließ. Das aber schon aus Meißner Porzellan. Für August den III. Das war sozusagen ein kulinarischer Fortschritt. Emaille gilt als guter Leiter und ist deshalb ungeeignet für Heißgetränke. Dank Böttgers Erfindung, Europas erstem Porzellan – unserem Meißner – war es möglich, den Bohnenkaffee aus geeigneteren Behältnissen zu genießen, ohne Verbrühungen zu erleiden oder gar schlimme Brandverletzungen. Was ja nicht gerade genussfördernd ist, nach dem Motto: »Erst kommt das Trinken, dann kommt das Spital.«

Durch die Erfindung des »Weißen Goldes« konnte unser Bohnenkaffee seinen Siegeszug um die ganze sächsische Welt antreten.

Je nach Vornehmgrad wird der Kaffee wahlweise »geblumbbd« (in großen Schlucken getrunken), geschlürft oder bloß gezutscht.

Zum Beispiel aus dem Mokkatässel. So eine Art Mokkatässel bilden diese vier cm hohen Koppchen samt Untertasse. Sehr, sehr aufwändig und mit sicherer Hand bemalt wurden die dünnwandigen Gefäße aus purem Gold. Eine einzigartige Perfektion, auch an den äußerst schwierig zu bemalenden Innenflächen. Ein Farbenrausch, der nie aufdringlich wirkt, strahlt seit nun mehr als 300 Jahren in wahrhaft majestätischer Souveränität.

»Da wirste bleede«, sagt der Sachse da oder noch kürzer: »Wahnsinn!« Vornehme Leute vom »Hirsch«, dem Weißen, murmeln gar: »Pittoresk«, einfach nur »pittoresk.« Mehr ist aus denen sowieso nicht rauszukriegen. Auf den Untertassen befinden sich entzückende Miniaturen mit zum Teil barbusigen Weibsbildern, ebenfalls »pittoresk«. Den Blick Augusts hätte ich sehen wollen, als er zum ersten Mal das Koppchen hob, nichts ahnend, und dann: … herrjemineh! … Erkannte er womöglich die eine oder die andere Hofschönheit?! Vielleicht hatte Dinglinger ganz bewusst ein pikantes Frauenzimmer auf die Unterschale gezaubert? Hier, hier bei einer Dame ist sogar die Perlenkette zerrissen! Wer zerriss sie? Musste am Ende das goldene Kaffeezeug gekauft werden, weil Staatsgeheimnisse auf den Untertassen prangten? Derartige Klatschgeschichten drangen freilich nicht zum Volke. Ehe alle Untertanen die Untertassen gesehen … Außerdem: Es gab ja nur ein goldenes Kaffeegeschirr. Schon damals war Masse nicht Klasse.

August der Starke wird vermutlich diskret schmunzelnd das Koppchen auf die Unterschale zurückgestellt haben, nicht ohne Dinglinger dabei eindringlich anzusehen, um sich dann flugs den mythologischen Darstellungen des Ovid auf dem Restgeschirre zu widmen.

»Wie der Herre, so's Gescherre.« Die Unterseiten der Untertassen verbergen zum Teil derbe Überraschungen:

Ein adliger Herr beispielsweise schlägt vornehm sein Wasser in einen Eimer ab, extra gehalten von einer Dorfschönheit. Obszön, aber schön.

Allegorien, wohin das Auge schweift. Die Luft beansprucht Ikarus, Daphne darf die Erde sein. Für das Wasser zeichnet die schaumgeborene Venus verantwortlich, und wer übernimmt das Feuer? Hephaistos? Nein, Medea.

Die Farbenpracht und Vielfalt der Emaillierarbeiten von Georg Friedrich Dinglinger, dem kongenialen Bruder Johann Melchiors, konnten erst Jahrzehnte später in der Technik der Porzellanmalerei wiedergefunden werden. Auch darum ist das goldene Kaffeezeug auf der Welt einzigartig.

Was mich im Zusammenhang mit dem ganzen Geschirr brennend interessiert: Aß man damals, Siebzehnhundertundäppelstücke, auch schon Kuchen zum Kaffee? Vielleicht sogar unsere sächsische Eierschecke? Buk die Königin solch königlichen Kuchen? Solche Fragen sind wichtig. Sie sind das A und O. Denn nicht umsonst nennt man uns »Kaffeesachsen«. Das muss ja irgendwo herkommen. Und zum Kaffee braucht es Kuchen. Und der muss ja auch irgendwo herkommen. Natürlich, damit man den Kaffee nicht so trocken runterwürgen muss. Und weil wir gerade dabei sind: Alle Welt redet heute von »Muffin«. Muffin! Früher war das Rührkuchen. Und der erblickte das Licht der Welt bekanntlich in Sachsen. Und zwar als »Bäbe«. Und saftige Bäbe nennen wir »Glansch«. Das war jetzt geflunkert. Aber dass Sie sich in Kaffeesachsen befinden, das stimmt. Wirklich!

Langsam, aber sicher, sollten wir uns nun vom »Goldenen Kaffeezeug« verabschieden. Einerseits drängelt die Zeit, andererseits will ich Sie nicht langweilen, und es erwarten uns noch Höhepunkte über Höhepunkte.

Der Höhepunkt des goldenen Kaffeegeschirrs ist die Kanne. Mannomannomannomann! Aus purem Gold, mit vielen Edelsteinen locker drapiert und bekrönt mit einem Frosch, der als Knauf den Schild mit den Königsinitialen hält. Oh, schwelgerischer Barock! An alles wurde gedacht. »Ein Frosch, der einst ganz unten war, behauptet nun die Kanne gar.«

Ein Froschkönig. Glitschig und feucht, sollte er als Wärmeableiter dienen für königliche Finger.

Ein Juwel in des Wortes wahrer Bedeutung ist dieser »Dresdner Grüne«.

Ein wirklich sagenhafter Diamant! Ganz klar mein Lieblingsstück im Grünen Gewölbe. Er passt heute so sehr zu Dresden, weil: Er ist nicht der größte seiner Art, aber einzigartig. Und er ist soo schön grün. »Der grüne Tropfen« wird dies reinste Schmuckstück auch genannt. Er besitzt beachtliche 41 Karat und verdankt seine Färbung der natürlichen radioaktiven Strahlung im Inneren der Erde. Wie lange der da gehockt haben muss! Lange Zeit gingen die Diamantenexperten davon aus, dass das grüne Wunder aus Brasilien stammt. Heute behauptet die Legende, Inder hätten nach ihm gebuddelt. Und als »grüner Tropfen« sei er Shah Jahan abgeluchst worden. Die Älteren unter Ihnen werden sich gewiss an ihn erinnern, denn das ist der, der auch das Taj Mahal hat bauen lassen. Sagenhaft ist auch sein Preis. 400 000 Taler! (Sie können den Mund wieder schließen!) Das sind nach heutigem Ermessen mit Mehrwertsteuer … Naja! Zum Vergleich: Das goldene Kaffeezeugs kostete 50 000 Taler. Gut, das war im Jahre 1701. Gut, es herrschte Inflation, vielleicht sogar Geldentwertung. Aber ich bitte Sie: Die sich zu der Zeit gerade im Bau befindliche Frauenkirche war anderthalbmal billiger, äh günstiger.

1742 kam er zu uns. Als König. Nach Sachsen. Der Grüne.

In seiner jetzigen Form ziert er zusammen mit 400 Brillanten eine Hutkrempe. Heute liegt der unschätzbare, unvergleichliche, unbezahlbare Grüne im Grünen Gewölbe, da, wo er hingehört.

August der Starke war schon ein großer Sammler. Aber August der Dritte, sein Sohn, überbot noch diese Leidenschaft. Und als der 1763 starb, erbte den Hausstein ein Dreizehnjähriger. Wieder ein August. Moment mal: August der Dritte starb 1763, das war 200 Jahre, bevor ich geboren wurde. 200 Jahre! Kinder, wie die Zeit vergeht! Meine Mutti. (In meiner Generation sagte man in Sachsen »Mutti« und nicht »Mama« oder »Mutter«.) meine Mutti hatte in ihrem Nachtschränkchen immer ein Bild von ebendiesem Diamanten. Ich erinnere mich genau, weil ich im zarten Alter von vier Jahren sonntags ins elterliche Bett durfte. Dort wurde einmal wöchentlich rumgetobt, und zum Abschluss einer jeden Balgerei wurde aus dem Nachtschrank der Stein hervorgeholt. Nein, nicht das Bild, der Stein! In meiner Fantasie besaßen wir zu Hause einen grünen Diamanten, und der lag in Muttis Nachtschränkchen.

Ja, ja, die Fantasie. Ich sprach anfangs davon. Meine Mutti erzählte mir seinerzeit, dass mein Opa, Martin Schneeweiss, sogar 1. Kammerdiener im Schloss Übigau war. Ich kam aus dem Staunen nicht heraus. Ich, damals noch nicht Jungpionier, und hatte schon Vorfahren bei Hofe! Was würde Walter Ulbricht dazu sagen? So hieß unser König 1967. Aber das wusste ich damals noch nicht. Die Liebe zum Dresdner Grünen wurde mir buchstäblich in die Wiege gelegt. So, genug aus dem Nachtschrank geplaudert. Der Kirschkern ruft:

»Kaiser Karl konnte keene Kümmelkörner kauen, aber Käsekuchen konnte er katschen.«

Ob er och knackige Kirschkerne knacken konnte, wissen wir nicht.

Der berühmte Dresdner »Kirschkern mit den 185 Angesichtern« ist eine einzigartige Pretiose.

Er hat keine 400 000 Taler gekostet; er war das Geschenk eines Reichspfennigmeisters.

Ja, diesen Beruf gab es 1589. Christoph von Loos aus Pillnitz verehrte dies weltliche Kleinod seinem Kurfürsten. Kostbar wurde der Kirschkern, weil über 100 Köpfe sich auf ihm versammelten. Diese Kunstfertigkeit erhob ihn in den Rang eines menschlichen Wunderwerkes, und sogleich brachte man den Kirschkern in die Kunstkammer.

Christoph von Loos kannte als Oberpfennigfuchser die Stempelschneider. Von ihnen ließ er den Kern unter die Lupe nehmen und das Lustgeschenk friemeln.

Man sagt, es heißt, … es heißt, man sagt: Auch ein Pfefferkorn habe Loos für seinen Fürsten schnitzen lassen.

Dies sei aber im Laufe der Jahre verlustig gegangen, vermutlich zusammen mit einem Haar. In einer Suppe. Eine geniale Idee: Schmuck aus Abfall zu zaubern.

Sie sehen also im Grünen Gewölbe den vermutlich wertvollsten Holzkern der Welt. Gebastelt zu einem Ohrring, der nie getragen wurde, ist er ein schönes Beispiel sächsischen Einfallsreichtums.

Wir gehen noch einmal ins Juwelenzimmer. Gewiss, es gibt auch ein Bronzezimmer. Ein Elfenbein- und Weißsilberzimmer, den Pretiosensaal natürlich, und unbedingt muss auch das Bernsteinkabinett Erwähnung finden. Allein, es ist der Glanz! Das Funkeln von Rubinen, Saphiren, Smaragden und Diamanten, das zieht mich immer wieder ins Allerheiligste. Das erste Mal, also beim Anblick der Hofdegen aus der Achat-Garnitur – da, da, da wäre ich fast dem Stendhal-Syndrom verfallen.

Das Stendhal-Syndrom bezeichnet eine Art Schockzustand mit Schüttelreflexen, benannt nach dem großen Dichter. Erstmals diagnostiziert, als Stendhal Florenz erblickte und vor so viel Anhäufung von Kunst in eine Art Kulturschock verfiel.

Ich liebe die Degen. Sie sind so zierlich, dabei stabil und kostbar. Es sind Prunkwaffen allererster Güte. Als gelernter Schmied weiß ich natürlich, was es bedeutet, eine Damaszenerklinge auszuziehen. Dabei wird der Stahl im glühenden Zustand bis zu 300-mal auf dem Amboss gefaltet. Dabei werden eine hohe Härte und Festigkeit erzielt. Da rostet nix mehr, weil: Der Kohlenstoff wird dabei ganz eng ineinander verbacken und alles bis zum Kern durchgeschmiedet. Samuraischwerte werden ähnlich gefaltet. Eine einzige Werkstatt in Deutschland beherrscht heute noch diese Schmiedekunst. Wir fliegen inzwischen zum Mars, aber wie man eine Klinge auszieht, haben wir verlernt. Ich fürchte, dass wir später in zehn Jahren an einer Universität einen Lehrstuhl für Kunstschmieden einrichten müssen. Na, besser spät als gar nicht. Steht ja auch hier auf der Degenscheide drauf: »Wenn das Schicksal mich ängstigt, macht die Hoffnung mich froh.«

Mit dieser wundervollen Klingenätzung wertete Dinglinger den Degen zur Prunkwaffe auf. Überhaupt ist das Ganze eine Augenweide. Der Kopf, der Handbügel und die Parierstange bestehen aus weißem Achat. Aus bräunlichem Achat wurde der kostbare kompakte Griff gezaubert, alles harmonisch aufeinander abgestimmt, die Materialien gleiten ineinander. Ein unbekannter Dresdner Steinschneider verpasste dem Bügel und der Parierstange diesen filigranen Umriss.

So wirkt der Achat fast durchschaubar. Als Prunkwaffe stand sie dem König zur Repräsentation zur Verfügung, schmückte als Zeichen seines Ranges den Träger. Der Griff von Dinglinger ist mit fünfeinhalb Windungen rot florierter Diamantenrosen ausgefasst. Das müssen Sie erst einmal verdauen. Der Griff wirkt so elegant, so formvollendet, dass er scheinbar schwebt. Das Tragen einer solchen Waffe forderte Geschicklichkeit und Sensibilität. Und sie war auch nicht zum Töten gedacht. Obwohl er aus der Brillantgarnitur mit über 2 000 Brillanten bestückt ist, wirkt der von Herrn Globig gearbeitete Degen eher schlicht. Nie sah ich eine schönere Waffe.

Übrigens, mein Taschenmesser ist auch aus Damaszenerstahl … aber natürlich kein Vergleich!

Friedrich August wurde im Jahre 1807 von Napoleon zum sächsischen König erhoben. Aber, umsonst ist der bekanntlich nicht. Er musste die Brillantengarnitur verpfänden. Für den Schmuck gab es einen Kredit von 1 400 000 holländischen Gulden. Der König brauchte das Geld für die Bereitstellung der Aufrüstung seines Heeres; er kämpfte an der Seite Napoleons gegen die Preußen.

Im Frühjahr 1813 galt die Schuld als getilgt, und der Brillantschmuck durfte wieder heim. Im Herbst desselben Jahres tobte die Völkerschlacht bei Leipzig. Sachsen verlor. Der Juwelenschmuck wurde erneut verpfändet. Doch als hätte der König das Desaster geahnt, verschaffte er sich bessere Konditionen bei den Banken. Nach langer Reise kehrte der Schmuck im November 1819 ins Grüne Gewölbe zurück, und seitdem herrscht Ruhe, was das Verpfänden von Brillanten anbelangt.

Nachdem ich so viel über August gesprochen habe, fragen Sie sich sicher: »Ja, welchen August meint er eigentlich?« Wenn man sich nicht ganz in die Materie reinknien möchte, belässt man es einfach bei »August«. »Einer von denen«, wie wir Sachsen sagen. »Wird schon einer sein« oder: »Der muss doch selber wissen, wer gemeint ist.« Einer ist Fakt: August der Starke ist Kurfürst Friedrich August I. und wird später als August II. König von Polen. Punkt.

Soweit alles klar? Wenn Sie nur »August der Starke« sagen, können Sie gar nichts falsch machen.

Nun ein »Schlittschuh laufender Holländer« : Heute müsste man sagen: »Niederländer«. Einfach schlicht und ergreifend. Den muss man gesehen haben.

Ein unbekannter Goldschmied schuf um 1705 dies Feuerwerk aus Gold, Silber, Emaille, Smaragden, Rubinen, Diamanten, Spiegelglas und einer Barockperle. Ebendiese ist die Hose des spannungsgeladenen Mannes, der am Rande des Eises tanzt. Auf einem Bein. Zwei verkrüppelte Perlen sind zu einer Barockperle zusammengewachsen. Das Gesicht des Mannes und seine Schlittschuhe sind detailversessen wiedergegeben. Als Hut trägt der schlichte Holländer einen großen Rubin. Ihre Spannung bezieht die Figur aus der waghalsigen Turnerei am Rande des Spiegelglases. Stolz und selbstverliebt beobachtet er sich, das heißt, er beobachtet seine Juwelen.

Glitzern sie genug? Präsentiert er sich im richtigen Licht? Zieht er elegante Kreise? Die Arme ganz bei sich und verschlossen, trägt er sie verschränkt vor seinem dunkelblau emaillierten

Körper. Er friert. Aber er friert stolz. Hellblaue Kniestrümpfe, gestrickt aus Emaille, zieren seine Kullerwaden.

Das ganze Kabinettstück ist so voller Poesie, dass es mich eher an Jugendstil erinnert als an den verspielten Barock.

Aber nun, meine Damen, sind Sie an der Reihe. Gern möchte ich Ihnen allen »Die Große Brustschleife« ans Herz legen. Sie stammt aus der Diamantrosengarnitur und wurde der Königin Amalie Auguste 1782 zur Geburt ihres Kindes, der Tochter Maria Augusta, von ihrem Gatten geschenkt. Das gute Stück, die Goße Brustschleife, ist aus zahlreichen Edelsteinen der altmodisch gewordenen Brillantgarnitur August III. gefertigt. In der Mitte der Großen Brustschleife sitzt in Hemdknopfgröße ein Brillant. 27 Rockknöpfe und 12 Westenknöpfe, alles natürliche Brillanten, vervollständigen das Bild. Die Große Brustschleife, die unterhalb des Ausschnittes getragen wurde, war natürlich ein begehrter Blickfang und verwies zu Recht auf die große Trägerin. Durch ihre wellenartige Form wirkt sie zeitlos schön. Beschwingt gerafft, baumelten 556 Gramm Gesamtgewicht am Dekolletee? Das erforderte gewisse körperliche Voraussetzungen.

Die Große Brustschleife zu tragen war vermutlich Schwerstarbeit. Auch ist sie eine Einmaligkeit im königlichen Schmuckrepertoire. Als Geschenk zählte sie nicht zum persönlichen Hausschmuck der Könige, sondern wanderte, wohl nummeriert, als Repräsentationsschmuck ab ins Grüne Gewölbe. Persönliches Eigentum war gleichzeitig Staatsschatz. Und oder wahlweise umgekehrt. Schmuck im Dienst.

Die Schenkungssteuer war auch noch nicht entdeckt, und auch die Konsumtionsakzise ließ sich geschickt einsparen. Ja, ja, man verstand bei Hofe zu rechnen. Wenn gerade mal wieder Krieg herrschte, wurde die Große Brustschleife verpfändet. Das brachte erstens flüssiges Geld, zweitens war sie nicht da und konnte demzufolge von keinem Feind geklaut werden.

Oft war nach dem Krieg vor dem Krieg und die Große Brustschleife ständig auf Reisen.

Diese Geld sparende und somit Geld bringende Sonderform der Schatzrettung geht auch in Friedenszeiten. Das Haus Baden versuchte dieses mit symbolischen Verkäufen aus seinem Privatbesitz.

Der Staat greift seinem verarmten Adel mit Hilfe der Sparkasse kräftig unter die Arme. Nach dem Verkauf gehört trotzdem alles dem Hause Baden. Und nicht nur symbolisch.

Bitte kaufen Sie meine Schulden. Ich schenke sie Ihnen auch. Natürlich nur gegen Bares.

Das könnte vom Hofnarr Fröhlich sein.

Der Begriff »starke Frau« geht vermutlich auf Königin Carola von Sachsen zurück, denn sie schleppte die Große Brustschleife, dieses Ungetüm von einem Pfund Brillanten, noch 1880 durch die Gegend.

Die Diamantengarnitur erhielt ihren Namen, weil die Steine auf eine ganz bestimmte Art geschliffen wurden. Wie der Name verrät im Rosenschliff. Er war seit dem 14. Jahrhundert bekannt und galt Ende des 17. Jahrhunderts am französischen Hof als letzter Schrei.

Das kuppelförmige Oberteil wird in dreieckige Facetten geschliffen, die sich im Mittelpunkt treffen. Dadurch wirkt der Diamant besonders groß. Quasi mehr Schein als Sein. Brillant bezeichnet den besonderen Schliff, bei dem die größtmögliche Lichtbrechung erreicht wird und das Funkeln, Blitzen und Strahlen entsteht, eben die Brillanz. Besitzen Sie also mindestens einen Brillanten, ist der Schliff gemeint. Diamanten sind es alle, wenn Sie welche haben.

Wenn ich bedenke, dass es innerhalb des Juwelenzimmers eine Saphirgarnitur, eine Smaragdgarnitur, eine Karneol-, dazu eine Rubingarnitur, Achat- sowie die Brillantgarnitur gab, nein gibt, dann komme ich aus dem Staunen nicht heraus. Welch unermesslicher Reichtum liegt hier versammelt! Und der gehört nicht dem Hause Wettin. Hört! Hört! Er gehört dem Freistaat. Wir verkaufen nichts. Wir versetzen nichts. Nicht einmal symbolisch. Keinen einzigen Knopf. Eine große Anzahl von Jacken- und Westenknöpfen, mindestens 36 Stück von jeder Sorte, waren für jede Garnitur unabdingbar. Mit »Knöpfen« meinen wir in Sachsen Brillanten.

Weiter mit unseren »Knöpfen«: Manschetten- und Hemdknöpfe, ebenso Hutschnallen, Schuhschnallen, Schnallen für die Kniehose, dazu Paradedegen und das mehrteilige Wehrgehänge. Das war die Grundausstattung aller Garnituren. Das muss man mal sich überlegen!

Von Brillanten auf Reitpeitschen, Spazierstock, Achselschleife, Orden, Dosen, Notizbuch und einer Taschenuhr ganz zu schweigen. Wohlgemerkt: Grundausstattung einer Garnitur. Für August den Starken war das Tragen des Ordens vom Goldenen Vlies seit 1722 selbstverständlich. Den Orden gab es selbstverständlich für elf Garnituren. Und der Kurfürst trug sie auch alle. Nacheinander, natürlich über die Woche. Montags Achat, dienstags Rubin, nein mittwochs Rubin, dienstags Karneol …

Neid ist im Abendland eine Todsünde.

Ich will an dieser Stelle daran erinnern, welche Sehenswürdigkeiten Touristen aus aller Welt bei uns in Dresden sehen wollen.

Es sind der Reihe nach: die Postplatzhaltestelle, die Neue Synagoge und die mittlerweile weltbekannte Luftschlösschenbrücke. Zum Dauerbrenner Volksentscheid sei gesagt: Volksentscheide werden nur dann für zulässig und gültig erklärt, wenn sie in ihrer Fragestellung und dem zu erwartenden Ergebnis der gerade herrschenden Partei den Machterhalt sichern. Das ist gefühlte Freiheit. Ganz simpel.

Davon erholen wir uns jetzt im Elfenbeinzimmer.

Balthasar Permoser schuf nicht nur den Zwinger, sondern auch die »Vier Jahreszeiten«.

Der handfeste Bayer kam 1690 im Alter von 39 Jahren als Bildhauer und Elfenbeinschnitzer aus Florenz. Er war einfach genial. Manche Sandsteinfiguren im Zwinger tragen seine Gesichtszüge. Im Grünen Gewölbe ist alles eine Nummer kleiner, denn die »Vier Jahreszeiten«, hier geschnitzt aus Elfenbein, brachte er vermutlich fertig geschnitzt aus Florenz mit. Bei den Jahreszeiten fällt der Herbst sofort aus dem Rahmen. Er ist der Lebendigste aus der Gruppe. Lustvoll sich am Weine labend und völlig selbstvergessen hält er sich grad noch auf den Beinen und strahlt beseelt in die Runde. Eingepackt, abweisend und stumm hält sich Bruder Winter am Schluss des Reigens platziert.

Nichts kann ihn erwärmen. Selbst die züngelnden Elfenbeinflammen neben ihm wirken erfroren. Sie erreichen nicht sein Herz.

Sommer und Frühling erschließen Sie sich bitte selbst!

Faszinierend ist die hohe Fingerfertigkeit des Kunsthandwerkers Permoser. Der tanzende Herbst scheint bunt, obwohl er doch aus milchig grauem Elfenbein ist. Das muss man erst mal schnitzen. Letzte Anmerkung zum Elfenbeinzimmer: Zwei Elefantenherden wurden hier verschnitzt.

Die fünf Prunkgefäße aus Zöblitzer Serpentinit – silbervergoldet – aus dem Jahre 1587 müssen noch gewürdigt werden. Sie waren schlicht und ergreifend königliche Humpen. Wer an Schrankwand denkt, denkt richtig. Nichts gegen unseren sächsischen Serpentinit, den Schlangenstein. Die Säulen unserer Semperoper wurden aus ihm gehauen. So ungefähr stellen Sie sich bitte auch die Humpen vor. Dickbäuchig, nach oben zylindrisch verjüngt, klumpen sie nun schon über 400 Jahre in der Schatzkammer. Also, ehrlich gestanden und unter uns: Mir persönlich gefallen sie überhaupt nicht. Meine

Mutti hätte gesagt: »Hübsch hässlich.« Im Grünen Gewölbe aber bilden sie ein »faszinierend schönes Ensemble«, also ein Juwel, diese Humpen. Und warum? Weil ein gewisser Urban Schneeweiss, Goldschmied in Dresden, diese Teile bearbeitete. Schneeweiss? Der Name kommt uns doch bekannt vor!?

Meine Mutti hieß vor ihrer Hochzeit Schneeweiss. Schneeweiss mit Doppel-s wie bei Herrn Urban. Wie viele Menschen lebten 1580 in Dresden? 15 000. Das kann doch nicht war sein! Nein: Das muss wahr sein!

Es gibt keine Zufälle. Mein Ur-Ur- Ur-…Urgroßvater, also einer von unserer Sippe, hat diese unvergleichliche Kostbarkeit geschaffen. Meine Humpen! Formvollendet blinzeln sie mich an, diese elegant und anmutig wirkenden Trinkgefäße der Renaissance. Schauen Sie nur, wie fein ziseliert die silbervergoldeten Standringe prangen! Maureskenornamente zieren die wohlproportionierten Behältnisse des Fürsten. Und für die durften wir arbeiten. Ich erkenne zweifelsfrei die Schneeweiss'sche Handschrift. Nie sah ich schönere Humpen. Tief befriedigt über meinen Meinungswechsel nehme ich Abschied von meinen Vorfahren.

Der »Mohr mit Smaragdstufe«: Ach, wie niedlich das klingt, fast unschuldig. Ganz korrekt müsste man heute sagen: »Darstellung eines farbigen Menschen mit einer Smaragdstufe«. Heute wie damals jubeln die Meisten schon am Eingang: »Der Mohr ist Kult, der Mohr ist Kult!« Er ist so great, wie er da steht. Und wie er lacht! »Hildegard, siehst du, dass er lacht, der schwarze Kerl?« Irgendwie putzig. So lustig. Und was er für weiße Zähne hat! Von wegen Sklaverei! Der trägt Fesseln aus Gold um seine Fesseln. Unser Mohr. »Du, Hildegard, solche Schmuckfesseln hätte ich auch gern. Sieh nur, auf seinem Kopf trägt er eine Goldkrone mit Rubinen! Na, wo gibt's denn so was? Ein Sklave wie ein König. Also, so schlimm kann das nicht gewesen sein zur Zeit der Barbarei. Lächelnd hält er das

Tablett mit Smaragden und schau nur: unbearbeitet.« »Du meinst, als wollte er sagen: ›Macht was draus, Ihr Herren Permoser und Dillinger. Macht endlich Neger mit Köpfen!‹«

Niemand würde so reden. Niemals! Nie! Denn seit dem Barock, seit dem Feudalabsolutismus des Augustinischen Zeitalters, zog man aus, um auf das Schicksal der werktätigen Menschen Afrikas hinzuweisen. Und ich selbst sah im Grünen Gewölbe Schwarzafrikaner, staunend vor dem Mohr stehend, sagen: »Schlimm, schlimm sind diese Europäer. Sie können nicht einmal einen Schwarzen von einem Indianer unterscheiden. Aber ansonsten eine tolle Arbeit!« Die Smaragdstufe erhielt Kurfürst August im Jahre 1581 als Geschenk des Kaisers Rudolf II. anstelle eines Rentiers. Ich gebe zu, auch mich fasziniert der Anblick des muskulösen Mannes. Hier passt alles und nichts zusammen. Schaurig schön! Ich möchte meinen Mohren behalten.

Und hoffentlich finden wir den Kerl mit der Smaragdstufe in zehn Jahren weder bei Sotheby's, noch bei Christie's, weil die Wettiner mal gerade wieder pleite sind oder Geld brauchen. Ich wünsche mir, dass die barocke Schatzkammer August des Starken für jedermann und für alle Zeit immer zugänglich bleibt. Das Grüne Gewölbe ist sächsisches Nationaleigentum. Alle sollen sehen, welch unermessliche Reichtümer ein … Verrückter zusammentragen konnte. Jawohl, August der Starke war verrückt. Nach Kunst. Als Kultur prägender Sammler allerersten Ranges suchte unser August letztendlich nur Trost – für die vielen verlorenen Kriege.

Als ich ein kleiner Junge war, da war mein Dresden herrlich leer. Wir waren unter uns, hatten unsere Ruhe, und es gab noch wirklich echte Gaslaternen. Mit diesem besonders weichen »Dresdner Funzellicht«. Es gab sogar Laternenanzünder. Das war ein richtiger Beruf. Männer auf dem Fahrrad zogen mit ihrem Stab an einem Ring in der Laterne. Und schwuppdiwupp ging die Funzel aus. Und abends wieder an. Man konnte die Uhr nach der Laterne stellen, so regelmäßig kamen die. Und einen sah ich, der stieg nicht einmal ab von seinem Fahrrad.

Als ich ein kleiner Junge war, wollte ich auch Laternenanzünder werden.

Geduldsspiele

»Der Mensch ist nur dort ganz Mensch, wo er spielen kann.« Dieser Satz von Friedrich Schiller fiel mir doch prompt ein, als ich im Grünen Gewölbe zum ersten Mal vor dem Lieblingsspielzeug unseres August des Starken stand, einem teuren Spielzeug mit dem Titel: *»Hofstaat zu Delhi am Geburtstag des Großmoguls Aureng-Zeb«*.

August der Starke, Kurfürst von Sachsen und König von Polen, ließ dies Kleinod, besser »Großod« im Wert von 58 485 Reichstalern von seinem Hofgoldschmied und Hofjuwelier Johann Melchior Dinglinger in 7-jähriger Kleinarbeit kunstfertigen. Ein Spielzeug zeugt vom Spiel, jawohl, denn war es nicht Dinglinger selbst, der den Allerdurchlauchtesten umgarnte mit einer Kostbarkeit, wie sie noch niemals gesehen wurde und wie sie auch niemals wieder gefertigt werden wird (so die Annalen).

Gier in Form von Neugier hatte Augusts Herz entflammt. Denn natürlich drang auch an den sächsischen Hof die Kunde von einem brutalen und absolutistischen Herrscher im fernen Indien, der seinem Geburtstag tagelang entgegenfieberte. Ja, er fieberte. Natürlich, was glauben Sie denn, wie lange der indische Zeb sein golddurchwirktes Kissen breit gesessen haben musste, bis er endlich 5 223 Diamanten, zwei Elefanten, 189 Rubine und 175 Smaragde sein Eigen nennen durfte. Tagelang Geburtstag feiern, das ist – Entschuldigung – auch für einen indischen Arsch eine Zumutung. Aber, und das ist das eigentliche Kunststück: Der Großmogul verzieht keine Miene. Aureng Zeb – von A bis Z ein Vorbild für unseren August, der zwar gewohnt war, Kriege zu verlieren, aber keine Kissenschlachten. Schauen Sie bitte noch genauer hin beim liebevollen Betrachten des Hofstaates! Dinglinger schob Aureng Zeb ein viertes Kissen unter ... Prädikat: besonders liebevoll. Ich sag's ja, und Sie, verehrte Leser/innen, sind nun eingeweiht in das erste Geheimnis der Geschichte hinter der Geschichte.

Und damit sind wir schon mittendrin in der Beschreibung des Gesehenen, und was sehen wir? Wir alle stehen staunend vor dieser Puppenstube des Königs und sehen vermeintlich das gleiche Bild, eine Geburtstagsfeier. Aber was da im Eigentlichen abgeht? Wissen Sie es? Ich kann Ihnen ja mal beschreiben, was ich sehe: Ganz vorn, am Anfang unserer 1,5 m^2 großen Betrachtungsfläche, sehen wir eine Waage, mannsgroß, auf der in Gold und Silber abgewogen wird, wie schnell man seine Geburtstagsgeschenke loswerden kann. Der Herrscher entscheidet: Reden ist Silber, Schweigen ist Gold? Nein, nein, der Großmogul bekommt davon gar nichts mit. Seine Visiere wägen ab. Wer viel spendet, darf nach gefühlten sechs Stunden sein Geburtstagsgeschenk überreichen, der »Rest« hinten anstellen. Ja, ja, auch damals war Zeit Geld, äh Gold. Wenn Sie mich fragen, so sehen wir hier eine ganz besonders clevere Form der doppelten Buchführung. Nur wer spendet, darf dann auch schenken. Die Staatlichen Kunstsammlungen empfehlen unserem sächsischen Finanzminister dringend einen Besuch im Neuen Grünen Gewölbe ob des Kunstkniffes zum käuflichen Erwerb von Geschenken. Oder war die riesige mannshohe Waage wirklich dazu auserkoren, ein jedes Geschenk für Aureng nach dessen Lebensgewicht zu bemessen? So jedenfalls wird es gern dem Volk erzählt, und dem Volk wird viel erzählt ... Stammt daher auch der Spruch, den der indische Volksmund prägte: »Der Mann muss in Gold aufgewogen werden«?

Auf jeden Fall war diese Geburtstagsfeier »eine Tortur«, wie der Sachse sagt. All die Würdenträger, Maharadschas und

Edelleute, all die Visiere hatten nur Edelsteine im Visier. Fünf Tage feiern, fünf Tage und fünf Nächte ewig lächelnd da hocken ... Ich sag's Ihnen ganz ehrlich, für mich wär's nüscht. Der reichste Mann der Welt war doch am Ende arm dran. Aber er könnte ja och gerne nunter von seinem Thron.

Als Kind hatte ich die Angewohnheit, lange auf der Toilette zu verweilen, und meine Übigauer Oma pflegte dann immer zu rufen: »Kommst Du heut oh noch ma runter vom Thron? Du sitzt doch da schon so lange wie der Großmogul.« So unmittelbar anschaulich und dialektisch wurden Dresdner Kindern der Hof, das Grüne Gewölbe, ja die indisch-sächsische Geschichte nahegebracht.

Überhaupt ist ja der sächsische Humor mit einer umwerfenden, mit nichts zu vergleichenden Logik durchzogen, die es allenfalls noch im Jiddischen gibt. Neulich sah ich bei einem Antiquitätenhändler zwei uralte Meissner Scherbel aus der Nach-Marcolinizeit, allerdings 3. Wahl. Hübsch, aber och ah bissel schlambsch alt, »verzeichnete« doch der Künstler den ein' oder andern Schoppen Wein im »Auftrag«. Und so sagte ich unumwunden: »800 Euro für das bissel Zeugs? ... Also ne.« Woraufhin der Händler in aller sächsischer Gemütsruhe antwortete: »Herr Steimle, für das Geld möchte ich's ni malen.« Das ist sächsische Dialektik.

Apropos Porzellan: Unser Meissner, erfunden übrigens in Dresden, um noch einmal die sächsische Dialektik zu bemühen, also unser Meißner Porzellan erblickte erst 1708 das Licht der Welt. Da war Dinglingers Bruder mit der Emaillierkunst der Figuren schon ein Jahr »ferdsch«.

Die Figuren sind aus reinstem Dukatengold, der ganze Körper sozusagen goldbeseelt und damit aufgewogen, Aureng Zeb ebenbürtig. Der ganze Kosmos, das Wissen der Welt, spiegelt sich in jener Geburtstagsfeier des Großmoguls, und die beiden Schwurhände, goldig im Kern und ebenfalls fettdurchemailliert, zeugen von der Liebe zwischen Sonne und Mond. Der Mond, der nachts die Sonne anhimmelt, scheint golden. Ja, aber was ist das für ein Gold! Schauen Sie, ein warmes ... verliebtes, nein, schüchternes Gold. Oh ja, ein Rotgold! Sie müssen nur lange aufmerksam schauen, dann können auch Sie das alles sehen in Augusts »Fernseher«. Ein Reich, in dem die Sonne nie untergeht. Alle europäischen Herrscher des Barocks träumten wie unser Kurfürst davon, und der hatte mit dem Kauf der polnischen Krone 1697 ein solches. Aber ja! Bis Litauen reichte Sachsen. Tja, wie gesagt, es war einmal, das Reich.

Das Reich war jetzt arm dran, und so träumte der starke August, schwach geworden, von seiner eigens für ihn und ganz besonders extra angefertigten Puppenstube. Wenigstens in seiner Phantasie sah er sich als sächsischer Aureng Zeb. Ganze Nächte hindurch spielte er, zählte und verzählte sich bei seinen Diamanten. Hatte Dinglinger nicht von 5 223 Edelsteinen gesprochen, die er ihm zu Ehren verbastelte in Elefant, Kamel und Co.?

Einmal, es war schon weit nach Mitternacht, kam August auf die doppelte Anzahl von Steinen ... War dies dem Genuss seines Lieblingstraminers geschuldet, oder ließ der doch noch unverhoffte Sieg im Nordischen Krieg seine Steine verdoppeln?

Die Cosel hatte ihn gewarnt. Für ein solches Spielzeug, und nichts anderes war die »Geburtstagsfeier des Großmoguls«, bekommt man – »also ich bekomme dafür Pillnitz.«

»Du meinst das Rittergut?« »Gewiss!« Gekauft! Gut gekauft, gern gekauft, das war schon immer der Wettiner Devise.

Sachsen verehrte die Minnesänger und August besonders Walther von der Vogelweide. Deshalb bekam Hofjuwelier Dinglinger den Auftrag, den wohl berühmtesten Spruch der Minnesängerzeit sinnlich zu verarbeiten: »Ich sitz off ene Stene und decke Ben mit Bene.« Na, worauf sitzt Aureng Zeb?

Auf einem 4 000 Reichstaler wertvollen Diamanten. August, inzwischen katholisch geworden, huldigte somit spielerisch noch immer seiner Grundüberzeugung: Der größte indische Edelstein wird gleichsam bewacht vom Herrscher, und über ihm strahlt nur noch, im selben Farbton übrigens wie der Gold-Diamant, die Sonne.

Herrscher, Diamant und Goldsonne bilden eine Dreieinigkeit.

Eigentlich sehen wir drei Sonnen strahlen um die Wette, um die Kunst. Dinglinger: Juwelier, Philosoph und Psychologe. Wo gibt es so etwas heute noch? Dinglinger, Augusts genialer Therapeut, verkaufte ihm ... ja, seine Seele. In einem Spielzeug, größer geht es nicht. Wozu das menschliche Hirn fähig sein kann, wenn es nur Ruhe atmen darf, zeigt uns exemplarisch der Geburtstag des Großmogul. Noch mal ganz langsam und zum Mitschreiben: sieben Jahre Fertigungszeit für eine 5-tägige Geburtstagsfeier. Neben Johann Melchior Dinglinger waren seine Brüder beteiligt, einer als Emailleur, der andere als Juwelier, außerdem zwölf weitere Gehilfen. 137 goldene und farbig emaillierte Figuren, kostbare Gegenstände aus Gold, Silber, 5 223 Diamanten,175 Smaragde,189 Rubine.

Die meisten Figuren aus purem Gold und nur, wo es unabdinglich schien, da strahlt es auch, dieses Gold – im Elefantenstoßzahn zum Beispiel oder in Rüstungen, und auch an den Händen klebt es, das Gold. Ja, der Schein bestimmt das Sein. Alles echt, ganz ohne Derivate und Zertifikate. Unikate! Einmalig schön, verhalfen sie Aureng und August zu einem ruhigen Atem.

Genau darum geht es doch im Leben, einen langen, ruhigen Atem zu haben. Die Chinamode hielt gerade Einzug in Sachsen, und der Löwe – im Zeichen der Sonne hinter unserem Großmogul – war auch ganz zufällig hier bei Hofe Wappentier und Sinnbild. »Geiz ist geil«, damit konnte August der Starke überhaupt nichts anfangen. Alles in die Ausstattung! Geh' indisch und sitz' nicht bloß rum an deinem Geburtstag! Das war die Botschaft Dinglingers. Beweg' dich, mach's mit, mach's nach, mach's besser! Und so entstanden die Zwingerfestspiele.

August der Starke war bekannt für seine »Volksfeste«. Planetenfest und selbst Hochzeiten waren immer willkommener Anlass, sich der Bevölkerung zu präsentieren. 1708 war auch die Cosel noch mit dabei ... Apropos Frauen: Sehen Sie bei der Geburtstagsfeier des Großmoguls eine Frau?

Und woher, bitteschön, stammten all das Gold, die Smaragde und Rubine? Der blaue Saphir, wer holte ihn aus der Erde, der indischen? Und wohin wanderten die Edelsteine der Edelleute nach dem Geburtstag des Kaisermoguls, der fast teilnahmslos und völlig unaufgeregt die Prozedur des Feierns durchlebte. 89 Jahre wurde der brutale Herrscher, der den eigenen Vater zum Gefangenen machte, weil der nicht tödlich krank war und nicht abtreten wollte. Seine drei Brüder waren entweder im Krieg gefallen oder umgebracht worden.

»Ich wünsche dir einen langen Atem.« Dieser wichtigste Satz des alten Indochina kann gar nicht hoch genug geschätzt werden. Letztendlich begründet doch die Anzahl der Atemzüge das lange Leben des 89-jährigen streng gläubigen Muslim, der sich durch nichts, aber auch gar nichts, aus der Ruhe bringen ließ. Ist das nicht furchtbar, weder durch Gold noch durch Edelsteine?! Sein Geburtstag? Eine notwendige Maßnahme zur Sicherung des gewonnenen Lebensstandards.

So faszinierend, detailversessen und begeistert empathisch die Brüder Dinglinger im »Hofmogul« der Arbeit huldigen, zeigen sie doch eins ganz und gar nicht: Freude, Liebe, Lachen. Die Juweliere jubilieren. Ihre Liebe zur Arbeit macht das Gesehene für mich noch trostloser. Weit weg, entrückt und völlig abgehoben, gleichsam scheintot wird da Geburtstag gemacht.

Nein, ich bleibe dabei: Eine Feier ohne Lachen ist traurig, sinnlos und absurd. Schenk mir ein Lächeln, mach mich heiter, das gibt mir mehr als alles Gold dieser Welt. Auch dies ist eine Botschaft, von der Dinglinger ganz sicher wusste. So gesehen ist diese meisterhafte Arbeit des Johann Melchior Dinglinger zugleich eine Warnung an seinen König. Eine Mahnung sowieso: »Majestät, seht doch bitte genau hin, da lacht niemand, dies ist eine traurige, sinnlose Feier. Wollt Ihr so werden?« Das nenne ich diplomatisches Geschick, Gespür für einen Menschen, dem man nicht alles sagen muss, um sich ihm zu offenbaren.

Manchmal genügt ein Blick, ein Augenblick. Und da fällt mir ein schönes Gedicht meines Lieblingsdichters ein, ein Gedicht, das mindestens so viel wert ist wie der Hofstaat von Aureng. Genießen Sie es … mit allen Sinnen und pfeifen Sie auf Gold und Diamanten!

Joseph von Eichendorff

DER BLICK

Schaust Du mich aus Deinen Augen Lächelnd wie aus Himmeln an,
Fühl ich wohl, dass keine Lippe
Solche Sprache führen kann.

Könnte sie's auch wörtlich sagen,
Was dem Herzen tief entquillt,
Still den Augen aufgetragen,
Wird es süßer nur erfüllt.

Und ich seh des Himmels Quelle,
Die mir lang verschlossen war,

Wie sie bricht in reinster Helle
Aus dem reinsten Augenpaar.

Und ich öffne still im Herzen
Alles, alles diesem Blick
Und den Abgrund meiner Schmerzen
Füllt er strömend aus mit Glück.

Lob der Provinz

In Dresden beginnt und endet alles mit »D«. So jedenfalls will es mein Gefühl. Allein die Stadt selbst birgt schon zweimal diesen wunderbaren Buchstaben in sich.

Der Anfang war De Elbe.

Dazu kommen D wie »ditschen«, D wie »dorwieren«, D wie »dorheeme« und D wie »nu dlar« oder ganz viele Ds, wie »dladdaradatsch«. Die »Demse« gibt's oh. Es gibt einfach alles in Dresden.

Ä richtscher Dresdner ist immer dialektisch. Wieder ein D! Er ist stolz und demütig, zärtlich und derb, schüchtern und draufgängerisch, genial und dumm, aufbrausend und dann wieder friedlich, aber nie »irgendwie«.

Ä richtscher Dresdener is unverstellt, offen, kämpft ohne Visier, aber mit Vision.

Er gibt sich stets zu erkennen, schon mit seinem Dialekt, dem »feinen Dresdner Sächsisch«, und denkt gar ni dran, sich in irgendeiner Weise anzupassen, wenn er ni hundertprozentig von einer Sache überzeugt ist.

Und der Dresdner lässt sich gerne überzeugen, am liebsten jeden Tag neu.

Wo andere Volksstämme über eine Haltung verfügen, hat der Dresdner sich eine Meinung gebildet, und zwar zu allem, unverrückbar, und die wechselt jeden Tag. Das is ni beese (böse) gemeint, das is einfach so, weil mer kann sich ni entscheiden. Das is der Punkt.

»Naja … Nee … Nu! Das könnte och über der ganzen Stadt stehen. Das ist erstens ein vollständiger Satz, und zweitens drückt er bestens das Wesen des Dresdners aus: Der ist immer ein Zweifler, aber kein Verzweifelnder.

Es zerruppt den Dresdner, wenn er sich entscheiden soll: »Weiß dor och ne … momentan.«

»Klar is das schön mit der Brücke, aber mer weiß ja ni, was draus wird.«

Es geht aber genauso gut andersrum:

»Kein Mensch braucht die Brücke, aber's wär schön, wenn se da wär.«

Alles is relativ, alles möglich, alles unmöglich.

Sie treffen in Dresden off De Elbe, um mal wieder auf das D zurückzukommen, aber och off die Nachfahren von Manfred von Ardenne.

Sie sachen, das hat nischt miteinander zu tun? Stimmt ne. 'S kommt droff an, von wo aus Sie's betrachten: Oberhalb von Loschwitz wohnte Ardenne, und die Nachfahren wohnen heute noch dort, und unterhalb fließt De Elbe. So einfach ist das!

Sie finden in Dresden Dresdner Stollen, sogar Biostollen, aber auch Spaghetti »Sophia Loren«.

Dresden – Kernland der Protestanten, der Protest-Tanten. Schuldigung: der Prodesd-Danden. Ja, ja: Da steckt das Wort »Prodesd« drin, aber aber, eben och »Danden«.

Sehn Se, da ham wer's wieder! Alles wird weich gemacht. Die Härte fließt aus den Worten, und man geht als echdor Dresdner ökonomisch mit den Leuten äh Lauten um. Ökonomisch, stolz und reduziert. Jeder harte Konsonant bedeutet Anstrengung, ungewollt vergeudete Lebenskraft. Kleines Beispiel: Niemand in Dresden würde sagen: »Der Klaus haut dir gleich ein paar runter.«

Allein die Anstrengung! Die Kontraktion im kleinen Becken, wo die Laute gebildet werden müssten. Furchtbar, diese Kraftanstrengung! Was sagt der Dresdner?

»Der Dlaus dlatscht dir dlei bar nein off deine dlischische Dlitzer dlake. Du Deb.«

Kein harter, störender und dabei auch noch stimmloser

Konsonant erschwert das Dresdner Erdendasein. Nur weiche, mühelos erzeugte Konsonanten mit Stimme, stimmhafte Konsonanten, wie der Phonetiker sagt.

Die harten Konsonanten werden eingespart. Wirklich wichtige Kämpfe erfordert das, so die Kämpfe für die Dresdener Buchstabensuppe.

Ja, dafür kämpfen die Dresdner momentan. In dieser Suppe gibt's keine harten Konsonanten mehr. Deshalb wird sie zum Patent angemeldet. Alles schön »babbsch«. Und damit weich. Nichma richtig durchgekocht werden muss diese. Sie ist von Hause aus weich.

Als nächstes Ziel? Kinder ohne harte Konsonanten! Ja, in der Dresdner Kinderklinik wird da dran gearbeitet. Als neulich ein Kind zu sprechen anfing, wurde es gefragt: »Na, weißt du denn auch, wie unser sächsischer Ministerpräsident heißt?«

Das Zweijährige antwortete wahrheitsgemäß: »Dor Dillich.«

Übrigens beginnt ja auch Deutschland mit D! Liebe und Weichheit, dafür stand Deutsch, unsere Muttersprache, und speziell unser schönes Sächsisch, das Hohelied des Hochdeutschen.

Ja, jetzt endlich spüren Sie, worum es mir geht beim Schmunzeln über das Dresdner Sächsisch: Um Liebe, Mitgefühl und Weichheit. Dafür stand das Deutsch, als Sächsisch noch Hochdeutsch war.

Das war lange vor meiner Zeit.

Ich wurde in Trachau geboren. Nach damaligem Hochdeutsch »Drachau«. Und welch Wunder: Es heißt ja immer noch so! Was mir wieder einmal beweist: Man muss nur lange genug altmodisch bleiben; irgendwann ist man wieder ganz modern, der Zeit voraus.

Sächsisch war Hochdeutsch bis zum Siebenjährigen Krieg. Damals überfiel Preußen grundlos Sachsen und leitete den wirtschaftlichen Niedergang für lange Jahre ein.

Die Backstube von Bäckermeister Wehner betrat ich mit derselben Ehrfurcht, mit der ich auch das Grüne Gewölbe aufsuchte.

Mit nunmehr 49 Jahren darf ich jetzt wieder »hintendrein«. Als Kind waren es für mich die Kuchenränder, die glücklich machten. Heute sind es die Dialoge, ist es die geistige Nahrung, an der ich mich laben darf.

Neulich empfahl ich meinem Bäcker, doch die Preise ein bisschen anzuheben, grade für Semmeln. »In Berlin«, schimpfte ich, »kostet das Teil mitunter 50 Cent«. – Also eine D-Mark oder umgerechnet vier Mark Ost für eine Semmel. Ja, ja, Inflation – die Inflation geht durch den Magen (schlägt auf denselbigen.) Außerdem sind in Berlin die Körner außen dran und fallen ab, wenn ich reinbeiße. Über den Geschmack der Schrippen möchte ich erst gar nichts Ungenießbares sagen. Dann sorgen auch noch die Stabilisatoren dafür, dass auch nach drei Tagen das Teil nicht zusammenrutscht und somit »frisch« und haltbar bleibt. Oh Herr, wenn der Mensch wirklich ist, was er isst, was ist er dann in Berlin?

Ich schweife ab vom Dialog mit meinem Bäcker. Der betreibt übrigens den letzten altdeutschen Backofen in Dresden. Dieser einzigartige Wärmespender wird mit Kohle gefeuert, mit guter tschechischer Braunkohle. Viel Schwefel, deshalb werden die Semmeln auch so schön goldgelb und feucht. Weil Kohle viel Wasser enthält.

Nein, das war jetzt natürlich geflunkert, um die Aufmerksamkeit auf diesen, mit Schamotte fein gemauerten und noch mit Sand abgedeckten Ofen zu lenken. So gebaut, gibt er die Hitze schön langsam ab, damit mir meine Semmeln schmecken.

Bin ich »zweifelnd« über den Zustand der Welt oder über meinen eigenen, dann gehe ich in die Backstube nach Oberpoyritz, und dabei erhole ich mich, gesunde und werde wieder »dlar im Gobbe«. Ein Besuch in der Backstube erspart mir einen Kirchgang, und der heilige Geist ist ein lebendiger, 's ist mein Bäcker.

Nun sollen Sie erfahren, weshalb die ganze Vorrede notwendig war und des Bäckers Antwort sich erst jetzt entfalten darf. (Schön langsam, wie bei der Hefe!)

Als ich nun den Bäcker ermutige, den Preis für's Gesamtkunstwerk »Semmel« anzuheben, tritt dieser verschämt und sich entschuldigend zur Seite: »Herr Steimle, ich hab's doch versucht, aber die Kunden kommen doch schon mit abgezähltem Geld.«

Was für ein Satz! Den kann kein Drehbuchautor aufs Papier bringen. Den kann sich kein Schriftsteller ausdenken. Mein Bäcker spricht den Satz so halb verlegen, nebenher weg. Ohne viel Aufhebens um sich und seinen Berufsstand.

Philosophischer Backstubenzuckerguß!

Da ist Poesie und da ist Wahrhaftigkeit! Gleichwohl wissend, was er sagt, doch nie die Wirkung berechnend.

Mein Bäcker, der seit 40 Jahren tagaus, tagein allein knetet, rührt, mengt, ist ein Vorbild für mich. Er ist mein entdecktes Beispiel für Volksfrömmigkeit im 21. Jahrhundert. Nicht nur an der Schwelle, mittendrin in der Lebensbackstube.

Bald bäckt er wieder Stollen. Mal sehen, welche Weisheiten er in diesem Jahr in den Stollenteig gibt. Und mal sehen, ob ich sie erkenne.

Das feierliche Grau des Theodor Rosenhauer

gesehen im Bild »Alttrachau vor Abbruch im Winter«

Denn: Grau, teurer Freund, ist … alle Praxis. Mein Gott, was war Theodor Rosenhauer für ein grandioser Graumacher! Nein, ich bleibe dabei, ein »Graumacher«. Mir ist's, als hätte er es erfunden, das warme, feierliche Grau.

Und war es nicht Cezanne, der einmal sagte: »Solange man nicht ein Grau gemalt hat, ist man kein Maler.« So gesehen war Dresden nach dem Kriege der Städte reichste, was das Grau anbelangt, und Rosenhauer war der Allerreichste, unbedingt im Grau. Er schöpfte es förmlich, dieses fröhlich Schmutzige. Doch, doch, ich werde es Ihnen beschreiben, und zwar anhand eines Bildes: »Alttrachau vor Abbruch im Winter«.

Das erste Licht begrüßt den Tag. Gespeichert hat es der alte Matscheschnee nächtens, und nun, zur Morgenstunde, gibt er es frei. Dieser verbackene Winterrest erstrahlt in Altrosa bis Ockergrau. Masse einmal anders. Materie im Feierlichen. Und nie habe ich Schnee, noch dazu gemalten, als so warm empfunden wie auf diesem 1977 gemalten Altarbild. Gemalte Religiosität strahlt über den Tag hinaus.

Wir sehen eine zermatschte Spur, die offensichtlich das alte orange Ascheauto hinterlassen haben muss, denn die Spur zeugt vom Nachlass längst verlorener Asche.

Ja, ja, an Streugut herrschte kein Mangel. Asche hatten wir im Überfluss. Und wir wussten auch, wohin damit, auf die Straße. Diese wunderbare, kostbare Alltäglichkeit, diesen leichtsinnigen Humor, den nur entdeckt, wer genau hinsieht, der tief fühlt, wie der Maler selbst, trifft man doch immer seltener.

© Theodor Rosenhauer – Alttrachau vor Abbruch im Winter

Auch dafür gilt es Danke zu sagen … Innezuhalten, denn Rosenhauer lächelt milde über Unvollkommenes, wie das überquellende Ascheauto, das gar nicht zu sehen ist auf dem Bild, aber da gewesen sein muss, denn woher sonst stammt die dicke graue Ascheautospur 1977 im Alttrachauer Matscheschnee?

Diese Straße hat auch nichts Eiliges, diese Spur bleibt. Theodor Rosenhauer hat die Flüchtige eingefangen, festgehalten mit der Gewissheit: Nichts und niemand verschwindet spurlos, nicht einmal eine graue Aschespur.

Dreck ist malerisch. Vor allem, wenn einer malt wie Gott in Trachau. Wir hatten Zeit, und Geld war nicht alles … auch deshalb wirkt dieses Bild auf mich beruhigend, ja blutdrucksenkend. Weil hier Hoffnung verbreitet wird durch einen Streuenden. Aber natürlich! Bitte schauen Sie doch selbst: Ganz rechts im ersten Morgendämmerlicht geht einer gleichsam voraus und beginnt sein Streuen als Tageswerk. Wo Menschen gemalt werden, die Asche streuen, ist Hoffnung. Der alte Krummgebückte ist aufgestanden, vorangegangen in den Tag. Ja, man könnte auch sagen: Hier streut ein Streunender.

Rosenhauer ist ein Graujongleur allerersten Grades, denn er schlägt der Welt ein Schnippchen. Graue Farbe erklingt förmlich auf der Leinwand, schummrigfeucht, nasswarm und immer lebendig. So verleiht sie einem Wort eine ganz neue Bedeutung: »Graue Eminenz«.

Wo Schnee so leuchten darf, ist Frieden nicht fern.

Schauen Sie auf die Welt, dann schauen Sie auch auf mein Alttrachau. Ja, ich bin dort geboren. Ich schlich jeden morgen diese Straße entlang, denn meine Mutti hatte Frühschicht, und für mich hieß das Frühhort. Früh um 6 Uhr, mit dem kleinen Küchenschnitzer im Anschlag, spielte ich Dampflok. Da ich rückwärts lief, musste ich nicht sehen, was vor mir lag. Das war mein Glück. Mein Weg zum Sozialismus war meistens dunkel, oft neblig. Nichts da mit lichter Zukunft.

Rosenhauer hat davon gewusst. Er hat sowieso alles gewusst. Vor allem wusste er von der heilsamen Wirkung der Angst. Eine schützende und beschützende Angst, das war unsere Heimat – Alttrachau vor Abbruch im Winter.

Und Theodor Rosenhauer stand hinter mir. Er war vor uns allen auf den Beinen, ging voran, hat alles schon gesehen.

Bei ihm wurde das Einfache zum Besonderen, Gewöhnliches erhob er. Das nenn' ich Romantik, 1977 in Dresden.

Warum ich so schwelge? Weil in mir immer mehr die Gewissheit reift: Es gibt ein richtiges Leben … im falschen. Und das tröstet mich.

Mein Rosenhauer

Anekdote

Der deutsche Maler Theodor Rosenhauer war ein Mann, der es sich leisten konnte, mit wenig auszukommen, vielleicht auch, weil er gläubig war. So reich war er. Jedenfalls gilt es als erwiesen, dass er bei seinem Rahmenbauer, Herrn Braun, auch kommend aus Dresden-Trachau, in dessen Hof folgenden Wortlaut zum Besten gab:

Man unterhielt sich über die Rentenzugewinne bzw. die Aussicht auf diese,

und irgendwann rückte Rosenhauer mit seiner Summe heraus: 147 Mark.

147 Mark der DDR, das war auch im Osten nicht viel, um nicht zu sagen, wenig.

Was sagt Rosenhauer darauf, quasi als Ergänzung zum Erreichten: »Mir reicht's.«

Schon das ist ein Wunder. Endlich mal einer, dem das Wenige langte. Er verlangte nichts. Er ließ es gut sein, meckerte nicht, sondern war zufrieden mit 147 Mark in den 60-ern.

Nun sollte wenig später die Akademie der Künste Theodor Rosenhauer als Korrespondierendes Mitglied aufnehmen; dafür gab es eine Intelligenzrente. Man war klug genug, einem bedeutenden Künstler diese nicht vorzuenthalten.

Vielleicht wollte man sich auch einfach schmücken mit ihr, der Rente, und mit Rosenhauer.

Dennoch durfte der Akademievertreter die Gelegenheit nicht verstreichen lassen,

den »jungen« Maler auf seinen Klassenstandpunkt hin zu testen, und so wurde das frischgebackene Mitglied befragt, ob er sich nicht vorstellen könnte, quasi – sozusagen aus Dankbarkeit gegenüber dem Staat – zum 1. Mai oder auch zum 7. Oktober, oder ... und … die DDR-Fahne zum Küchenfenster herauszuhängen, sozusagen Flagge zu zeigen.

Und wie antwortet der auserkorene Intelligenz-Rentner seinem Vorgesetzten?

»Also, wenn ihr meine Rente an die Fahne knüpft, könnt ihr sie gleich wieder mitnehmen.«

Rosenhauer bekam die Rente der Akademie trotzdem. Und kein Wort mehr ward verloren über Flaggen aus Küchenfenstern. Offenbar war man zu intelligent, um noch einmal nachzubohren. Widerstand im Satzbau – so etwas ging auch im Unrechtsstaat, und Rosenhauer setzte damit in der Farbe, die er so meisterhaft zu verwenden wusste, im allerbesten Grau, einen weiteren Tupfer in die Landschaft.

Mein ganz persönlicher Stadtführer

»Noch enne Flud, und mir sinn saniert«, sagte neulich ein Dresdner, und Recht hat er. In jeder Niederlage steckt auch ein Fünkchen Hoffnung, es möge doch alles nicht so schlimm werden.

Wenn Dresden in den Fluten versunken wär', wie hätten wir denn dann 2006 unser 800-jähriges Stadtjubiläum feiern soll'n? Wie bitte, Meißen ist 1000 Jahre? Na ja, aber die waren ja och eher da. Also bitte, mir lassen uns nicht unterkriegen.

Wir Dresdner sind Landeshauptstadt, Wissenschaftsstadt, Kulturstadt sowieso und natürlich: Weltkulturerbe, und zwar jeder Dresdner! Der Dresdner ist ungemein liebenswürdig, hilfsbereit, gutmütig, vor allem zu anderen ... also nicht Einheimischen, zu Überelbschen, Ausländern und Fremden.

Zur eigenen Sippe hört man ihn des Öfteren sagen: »Nu halt doch ma deine Gusche!« Gemeint ist hier der Mund. Ich kenne keine Stadt in Deutschland, in der die Bürger so leidenschaftlich an dieser hängen und jeden Schritt der Veränderung kommentieren. Diese tiefe Anteilnahme ist letztes Zeugnis für Nationalbewusstsein. Ja, ja, der Dresdner weiß: Heimat ist nicht globalisierbar.

Dresdner kann übrigens jeder werden. Er muss sich ja nur anständig verhalten, die Hausordnung pünktlich gemacht haben und mindestens fünf Jahre hier leben. Dann hat er es geschafft. Behaupte ich.

Es sind ja gerade die Zugezogenen, die – Gott sei Dank – Veränderungen bringen. Ich sage nur: Italienisches Dörfchen. Auf dem Theaterplatz – richtig! Wobei wir schon im Herzen der schönsten Metropole Deutschlands sind. Das ganze Areal mit Semperoper, Hofkirche, Schloss, dem wunderschönen

Taschenbergpalais und dem Zwinger, dem Schauspielhaus selbstverständlich – das alles ham Se in 15 Minuten »abgelatscht«, wie wir sagen. Aber was sind das für 15 Minuten! Wenn Sie sich äh bissel Mühe geben, können das die schönsten Ihres Lebens werden. Und wenn es noch schöner werden soll, ja, dann bequemen Sie sich doch bitte zur Brühlschen Terrasse, wo Ihnen Bayern, Russen, Sorben und manchmal auch ein Dresdner »unsere« Stadt erklären. Auf der Brühlschen guggen Se entweder links off die größte Raddampferflotte der Welt, denn wunderschöne, original erhaltene Schaufelraddampfer warten, von Ihnen bestiegen zu werden, oder aber, Sie schwenken Ihr Haupt auf den »Balkon Europas«, so nämlich heißt die Brühlsche Terrasse, nach rechts und sehen die – Frauenkirche, und die ist jetzt fertsch. Die Kirche nattirlich.

Bei einer Stadtführung fragte neulich eine Engländerin besorgt den Führer, also den Stadtführer, ob die Dresdner denn immer noch böse seien, weil England sie bombardierte? ... Ohne Worte … ! Das alles ist Wirklichkeit – man muss nur lauschen können. Oder wie der Dresdner sagen würde: »Die wärn sich schon was dabei gedacht ham ...'o. Die wärn sich och was dabei gedacht ham, die neu gewonnene Freiheit um die Kirche herum wieder so zuzupflastern. Tiefgaragen, Hotels, Luxusläden, all das brauchen wir im Osten ja dringendst. So gibt es eben ein Dresden für die Touristen und eins für uns, die wir auch hier leben – dürfen … noch! … Und weil der Osten gerade angesprochen wurde: Wissen Sie, wann die Wiedervereinigung Deutschlands vollendet ist? Wenn der letzte Ostdeutsche aus dem Grundbuch gelöscht ist!

Leipzig ist zwar Heldenstadt geworden durch die Wende, aber in Dresden ging es mindestens genauso dramatisch zu, allein schon deshalb, weil der Hauptbahnhof kochte und brannte. Honecker hatte sich einfallen lassen, die Züge mit den Botschaftsbesetzern von Prag über Dresden umzuleiten, auf dass sie noch einmal ihre Heimat sehen mussten. Zynismus kennt eben keine Grenzen.

Wir heidnischen Dresdner entgingen einem Blutbad, weil die Kirche in dieser Wendezeit eine wirklich aufklärende Rolle spielte. Unvergessen Pfarrer Ziemer. Sie fragen, was das in einem Stadtbummel zu suchen hat? Nun, ich glaube, ohne Vergangenheit gibt es keine Zukunft, und bevor die Geschichte wieder auf den neusten Stand der Lüge gebracht wird, schreibe ich als »Überlebender der Wende« von der wirklichen Wahrheit. Alles verstanden? Gut!

Also, wenn Sie Fragen haben, suchen Sie das Gespräch mit Einheimischen. Man erkennt sie an Ihrer Spraaache. Und woran erkennt man eine richtige Semmel? Genau, am Hefeteig! Und wo gibt es noch richtige Semmeln? Zum Beispiel am Nürnberger Ei – Bäckerei Uhlig. Oder am Rande von Dresden – Bäckerei Schmidt in Gittersee. So eene echte Dresdner Semmel, frisch aus'm Ofen und dann mit guter Butter droff, neingedidscht in en Dopp Kakao. Das is eh Gedicht – Kultur auf der Zunge. Esskultur!

Früher, also noch vor der Kehre und unter den Kommunisten, mussten wir noch richtige Semmeln essen. Es gab keine Fertigbackmischungen. Wir hatten Zeit und Geschmack. Nach 1989 verschwanden Stück für Stück richtige Bäcker. Wir bekamen Westsemmeln mit Stabilisatoren und ohne Hefeteig. Eigentlich hätten wir Dresdner schon damals hellwach sein müssen. Denn man hätte leicht von der Semmel auf das ganze System schließen können: Unglaublich viel Luft.

Aber ansonsten geht es gut. Wir sind nicht nachtragend, aber wir vergessen eben auch nichts. Kein Dresdner kann seinen König je vergessen. Egal, ob August den Starken oder König Johann, der Dante aus dem Italienischen übersetzte oder den allerletzten König, der 1932 viel zu jung von uns ging. Mir häng' am Schloss, und in jeder Familie gibt es mindestens einen, der königlich-sächsischer Hoflieferant war oder ist. Wir dienen gern dem Herrn. Und wenn morgen mal wieder freie Wahlen sind und die Monarchie stünde zur Debatte ... Ich wüsste, was meine Dresdner wählen. Mein Großvater war 1. Kammerdiener im Schloss Übigau ... Ich sag's nur mal. Er starb 1968 und liegt auf dem Markusfriedhof, gleich an der Pumpe rechts, das dritte Grab – Schneeweiss ist sein Name. Ich erwähne das nur deshalb, weil auch die Friedhöfe in Dresden außerordentlich schön sind. Ein wunderschöner Friedhof befindet sich gleich gegenüber dem Friedrichstädter Krankenhaus. Oder aber in Wachwitz, wo die Kirche Maria am Wasser weilt. Ein Traum!

Wie wir mit unseren Toten umgehen, gibt das nicht auch Auskunft über uns Lebende?

Dresden war bis 1945 die reichste Stadt Deutschlands. Gemessen am Pro-Kopf-Einkommen. Sonst natürlich auch! Die Werbeindustrie war hier zuhause, und es gab Firmen mit so exotischen Namen wie »La Ferme«, »Ulema«, »Chlorodont« und »Rüger Hansi«, von denen aber nur noch Emailleschilder künden. Heiß begehrt, sündhaft teuer, einmalig! Früher hingen diese Plakate ja vor jedem Laden und waren als Werbeträger Gebrauchsgegenstände, und heute sind sie Kulturgut, und für mich sind sie Kunst. Im Stadtmuseum hängen einige wenige – unbedingt ansehen – gleich auf der Wilsdruffer Straße, Nähe Pirnaischer Platz.

Wir Dresdner sind unsicher, zweifelnd und zögerlich, überaus herzlich, eben genauso wie man sich einen Weltbürger wünscht. München war gestern. Dresden ist heute. Bitte besuchen Sie uns, verehrte Gäste, auf dass Sie sehen, was wir aus all Ihrem schönen Westgeld gemacht ham. Wir ham's uns schön gemacht. Und mit Blick auf die Zukunft will ich mit einem typischen Dresdner Spruch enden, der da heißt: »Mir wärn schon machen, dass nüschd wird.«

Das meint ein Lachen, vor allem über uns selbst. Gerade mir in Dresden haben es uns ja so richtig schön gemacht. Doch, doch, guggen Se ma: Früher in der DDR wurde sich um die Menschen gekümmert und die Häuser verfielen …

Gerade haben die neuen Machthaber die Pädagogische Hochschule abgetragen. Ja, ja – Im Unrechtstaat wurden Lehrer ausgebildet, dafür aber keine U-Boote für Israel »gespendet«. 94% der Führungskräfte kommen aus der BRD. Dresden ist besetzt. Was uns bleibt, ist die Erinnerung, die Fantasie. Und je mehr man dem Dresdner nimmt, umso trotziger behauptet er: »Uns geht's gut. 'S iss doch alles noch da!«

Nicht totzukriegen, der Dresdner!

Die ham äh Ding an der Birne

In meiner Heimatstadt, in Dresden, wurden unlängst 18 Birnenbäume gefällt,

ja, auf der Kaitzer Straße. Die Anwohner hatten sich beschwert, weil die Birnen im Sommer die Fahrbahn wiederholt vermatscht hatten. Wiederholt! Diese Birnen waren Wiederholungstäter! Die Stadt sprach die Bäume schuldig und ließ sie fällen. Mir nichts, dir nichts. Die Birnen blühten nicht mehr, dafür trieb der Irrsinn Blüten.

Es waren dieselben Birnen, die unsere Großväter, daher auch der Name »Großvaterbirnen«, vor dem Krieg gepflanzt hatten, damit sie nach dem Krieg was zu essen hatten.

Verstehen Sie, es gab Zeiten, da haben die Birnen die Fahrbahn gar nicht erst erreicht, weil sie nämlich jemand zuvor gepflückt hatte. Nicht selten wurden die Birnen sogar eingeweckt.

Ja, aufgesammelt oder vom Baum gepflückt und dann eingeweckt – gibt's nicht auf Facebook – da muss man sich schon selber bücken und selber pflücken.

Und heute sind die Leute zu faul zum Bücken und Pflücken.

Aber Biobirnen aus Chile, dafür geben wir gern mal drei Euro mehr aus … kost' ja nüschd … Dieser Biowahn! … Gelumpe, was Tausende Kilometer unterwegs war, kann niemals Bio sein. BIO TO GO. HIRN TO GO. Basta!!

Entschuldschen Se meine Eschowiewazion, aber ich wär dlei hochatmig bei so was. Ja, ich platz dlei. Dabei warnte meine Mutti immer: »Uwe, Lommel, lass Luft ab, du platzt gleich.« Aber jetzt rede ich: Also, passen Se' off, der Gipfel: Für die gefällten 18 Bäume auf der Kaitzer Straße hat der Stadtrat 6 neue Birnbäume pflanzen lassen … und, Achtung, jetzt kommt's: fruchtlose! Aber das hat schon meine Mutti gesagt: »Uwe, here off, über die Dresdner Stadtpolitik zu schimpfen, un here off, dich zu vermaulieren, das ist fruchtlos.«

Ja, ne … über die Stadtpolitik reden wir nicht mehr, auch nicht über die neu entstandene »Steinerne Stadt«, reden wir überhaupt gar nicht mehr. Für mich ist das: »Besatzerarchitektur in Rheinkultur.«

45 Millionen Euro kostete allein der Umbau des Postplatzes, auf dass dort niemals mehr die Post abgeht. Ich hab' mir sagen lassen, Architektur sei immer auch der Spiegel des Zeitgefühls. (Aha: – Glas, Sand, Stein, Stahl – kalt.) Auch dies sei noch vermerkt: Wozu Herr Schürmann in der BRD nicht kam, nämlich ganze Städte zu verschandeln, das darf er nun in unserem geliebten Dresden.

Ohne Einfühlungsvermögen in die Atmung der Stadt scheint es Auftrag kalter Westmenschen zu sein, Dresden den Garaus zu machen. Ich habe es nicht für möglich gehalten, aber es ist schon genau zu sehen: Man kann auch durch Bauen zerstören. Wuppertal, Essen und Hannover sind schon hässlich, nun ist Dresden dran.

Darüber herrscht Konsens bei den neuen Machthabern. Natürlich alles unter dem wohlfeilen Mäntelchen der Demokratie, einer inszenierten Mediendemokratie. Tatsächlich spielen die Medien eine ganz entscheidende Rolle in dieser Scheindemokratie, wo der Schein das Bewusstsein bestimmt.

Aber die Ökonomie, die funktioniert perfekt. Polemisch zugespitzt etwa so:

In der DDR wurden die Betriebe erst verstaatlicht und dann heruntergewirtschaftet und heute – hier in der BRD – läuft's umgekehrt! … An dieser Stelle lachen bei Veranstaltungen übrigens Zuhörer aus den alten Bundesländern genau so herzlich und genau so spontan wie die aus den besetzten Gebieten.

Aber, um wieder auf die Birnbäume zurückzukommen:

Was meinen Sie denn, warum man in Dresden die Gaslaternen abbaut und die Bäume fällt? (Es soll ja viele geben, die daran hängen.) In Frankreich werden Manager verhaftet, und hier fällt man vorsichtshalber gleich erst mal alle Bäume und Laternen in der Innenstadt. Man weiß ja nie!

Gerade wurde durch US-Amerikaner im Freistaat Sachsen Kupfer aufgespürt. Ja, die USA haben das Kupfer entdeckt, welches die DDR bereits 1958 gefunden hatte. Und: Fördern darf es? ... Ein amerikanischer Konzern!

In der Deutschen Demokratischen Republik (so viel Zeit muss sein!) gab es wunderbare Märchenschallplatten, eingesprochen von den besten Schauspielern des Landes. Ja, es war eine Auszeichnung, für Kinder arbeiten zu dürfen. Und wer noch eine solche Märchenschallplatte hat, hüten Sie diese wie einen Schatz. Eine handelt vom gestiefelten Kater. Sie wissen doch noch, wo der Kater die Landsleute auf des Königs Fragen antworten lässt. »Wem gehören die Wiesen?« Wissen Sie's noch? »Die Wiesen gehören dem Grafen.« »Wem gehören die Wälder?« »Die Wälder gehören dem Grafen.« »Aber sagt, wem gehören die Bodenschätze?« Die Bodenschätze gehören Amerika! Tja, erst wurde Amerika von Europäern entdeckt, und nun entdeckt Amerika Europa, speziell die BRD und noch spezieller Sachsen. Unser Kupfer! Die Eroberung durch die größte Weltmacht schreitet voran, aber wir sind doch keine Indianer ... Oder?

Vom Kurbrötchen zur Wellnesssemmel

Also, bei aller Liebe, man fragt sich ja überhaupt, warum die Bahn an die Börse muss. Es reicht doch, wenn die pünktlich sind. Meine Vermutung ist ja, Stuttgart 21 wird nur deshalb durchgezogen, damit die Atomtransporte dann unterirdisch durchs Ländle rollen können, das spart Polizisten, der Weg ist wesentlich kürzer, und wenn doch mal was schiefgeht, strahlt Stuttgart 21 – bei uns fing es auch an Bahnhöfen an.

Weil mir grad beim Thema sind:

In meiner Kaufhalle gab es 1989 diese wunderbaren Kurbrötchen. Warum ich mir das so gemerkt hab? Nun, als Sachse ist man gezwungen, nach vorn zu sprechen ... Wir neigen ja sonst ehr zum Breitzug … Kurbrötchen, das war so ne Art Leinsamen mit Schrotgelumbe drin. Und die ham ganz wunderbar geschmeckt. Grad am ersten Tag, hinterher konnteste en erschlagen damit. Und wir wollen auch nicht vergessen, wie oft wir montags gesungen haben in der Kaufhalle: »Bum, Bum, Bum – der Tod geht um. Wieder einer tot vom Konsumbrot.«

Ja, aber an diesem Beispiel sehen Sie: Es war auch nicht alles nur gut in der DDR, damit ich hier nicht in falschen Verdacht gerade.

Andererseits, und das muss ich auch sagen, mir warn unter den Kommunisten gezwungen, richtige Brötchen zu essen. Wir hatten Geschmack. Und: Wir hätten schon 1990/91, als es losging und die ganzen Westbrötchen zu uns rüberschwappten. Wir hätten schon damals … nur von den Brötchen auf das ganze System schließen können, ja schließen müssen, was da kommt: LUFT. Unglaublich viel Luft!

Sie hatten doch auch früher richtige Bäcker. Oder? Und heute gibt es diese Kurbrötchen wieder. Und wie heißen sie jetzt? Wellnesssemmeln. Cross. Wer kennt noch die deutsche Übersetzung, ein schönes deutsches Wort? »Knusprig.« – Richtig! Merken Sie was? ... Kaum ist das Wort aus dem Mund entronnen, schon setzt der Pawlow'sche ein … Die Lefzen werden nass. Aber bei »Cross« passiert gar nichts. Das könnte auch ein Waldlauf sein.

Bei meinem Bäcker gab es bis vor Kurzem – ich hoffe, Sie kennen sie alle, diese wunderbaren Kräbbelchen. Genau, die kleinen runden Dinger, Quarkmasse, frittiert, dann Zucker drüber und dann ab in die Dide (hochdeutsch: Tüte) – Apropos: Wenn der Sachse sagt: »Dida da«, so kann das bei uns eine Dreifachbedeutung sein. Ja! Einmal, ob die Tüte da sei, oder aber der Ruf nach der Feuerwehr, oder aber, ob Dieter da sei. So ökonomisch gehen wir mit der Sprache um.

Wie gesagt, weil sie eben nicht groß sind, ruck, zuck! Weg sind se! So, jetzt komm' ich aber nach Nürnberg oder Erlangen, da heißen meine Kräbbelchen schon mal Krapfen. Also völlig unerotisch – gegenüber diesem hocherotischen Wort »Kräbbelchen«. Und dann sehen Sie diese Menschen – sind ja auch Menschen – wie sie alle ihre Hauer ins Backwerk schlagen.

Hier, der Raffsandschanie. (Raff) Natürlich, ich hab se doch beobachtet, die ham ja auch ganz andere Zähne als mir! Der ganze Puderzuckermist kommt auf den Kaschmirzwirn, die zugige Luft auf de Bronchien, dann sind se krank, und wir bezahlen das alles mit. So sind doch de Tatsachen.

So, warum die lange Einlaufkurve? Die einstmals von mir geliebten Kräbbelchen heißen heute bei meinem Bäcker Quarkinis (Mediterran). »Fünf Wellnesssemmeln cross und acht Quarkinis Mediterran.« Wir waren mal ein gebildetes Volk. In Dresden vor dem Hauptbahnhof stand bis vor Kurzem ein Stand, und dort stand dran »Sachsendöner.« Bald gibt es Türkeneierschecke.

Und dafür haben wir 89 hinter der Gardine gestanden.

Neulich fragte mich ein Journalist, ob ich noch Träume hätte. Ich – Träume? Oh ja, ich habe einen Traum: Ich träume davon, dass jemand wie Westerwelle noch mal richtig arbeiten muss. Und zwar im Stahlwerk, acht Stunden, ohne Abschwitzpause, und wenn er dann immer noch so redet wie jetzt, noch mal acht Stunden, bis er es gelöffelt hat.

Und ich träume weiter: Ich träume, dass Geld nicht mehr arbeiten muss, sondern wieder der Mensch. Jetzt muss das arme Geld immer arbeiten.

Was denkt ein Ossi, wenn er hundert Euro in der Jacke findet? »Das ist nicht meine Jacke.« ... Soweit iss es.

Kennen Sie den Unterschied zwischen den Russen und dem Westen? Die Russen sinn mir los geworden.

So, ich muss weiter. Aber mir Sachsen bleiben heiter. Nu dlor ... Getreu unserem Motto: »Wir wärn schon machen, dass nüscht wird.«

Außerdem sind mir Deutschlands größte Erfinder. Nu dlor, oh de Hädschfonds wurden erfunden – in Sachsen. Nu – passen Se off: Hädsch Fonds ... müsste ich nicht arbeiten gehen.

Das sächsische Wort des Jahres
Teil I

Es gilt heute ein Wort zu ehren, das es in sich hat. Das Wort ist feinmelodiös, herzig und unendlich warm ... Wie mir Sachsen. Ja, das Wort passt zu uns!

Als Sächsisch noch Hochdeutsch war, muss dieses Wort als Sinnbild für alles Liebliche und Warme gegolten haben, so unendlich »weech« kam es daher.

Apropos warm: Was war denn das überhaupt für äh Sommer dies Jahr, hä? Einen Tag 34° C, den nächsten Tag 17° C! So äh Wetter gab's doch unter de Kommunisten gar ne! Mir hatten noch echte Jahreszeiten: Frühling, Sommer, Herbst und Winter.

Auch bekannt als die vier Feinde des Sozialismus, mittlerweile auch des Kapitalismus. Natürlich, im März war das Streusalz alle! Hätte die BRD in Streusalz investiert, jawohl Streusalz als Rettungsschirm für ... Uns wäre einiges erspart geblieben. Also bitte, tragen wir zusammen – gemeinsam: Wie heißen die vier Feinde des Kapitalismus? Richtig!

Guido Westerwelle hat noch zwei Nebenfeinde ausfindig gemacht: Tag und Nacht.

Zurück zum Wort: – Im Anfang war das Wort. Wobei, ganz so kann sich's oh ni zugetragen ham. Als mir Sachsen nämlich ausgewandert sind, noch lange vor der Völkerwanderung, also Siebenhundert und Äppelstücke, aus der Lüneburger Heide, und die iss ja nu wirklich a Stückel weg.

Wissen Se, wie die Niedersachsen da zu ihrem Heidekraut sachen? ... Erika! Erika, so weit das Auge reicht. Wenn mir Sachsen »Erika« hören, da denken mir ni an Heidekraut, sondern an ... Schreibmaschine. Natürlich erfunden in Sachsen.

Übrigens wissen Se, warum der Papst wirklich im Deutschen Bundestag sprechen durfte? ...

Der wollte der FDP die letzte Ölung geben.

Aber ich schweife ab. Mir Sachsen verließen also Niedersachsen und kamen irgendwann als so ne Art Boatpeople bis nach England, und dort entdeckten sächsische Pfundskerle denen ihre Währung. Und da die immer schon Gewicht hatte, nannte man sie och Pfund. Was in England die Währung ist, ist bei uns in Dresden die Milch: »Pfundsmolkerei«. Ja, aber daran sehen Se, wie unterschiedlich die Menschheit mit ehm und demselben umzugehen pflegt. Was in England Geld heißt, »Pfund«, dazu sacht der Sachse bloß »Käse«.

Wobei 500 Pfund Käse sinn schon ä baar Pfund Euro wert!

Überhaupt das Sächsische: Was wäre Englisch ohne uns? Nur ma ein Beispiel:

»Hörst du off mit Dadschen, lass dei Badschen – un oh ni kadschen!«

Also jetzt ma ehrlich: Wenn Sie's ni wüssten? Es klingt doch wie Englisch!

Mein Lieblingswort zurzeit ist ja: »Knastschau = Kitchengugging«.

Du wirst bleede! Aber bevor mir hier ganz durchdrehen, nähern wir uns mit Riesenschritten dem Wort des Jahres in Sachsen. Es ist das schönste und wurde bei subtropischen Temperaturen entdeckt in London, als zwei Sachsen bei feuchtwarmer Luft ausstießen: (und neblich war's oh) »Oh, gugge ma, die Demse!«

Und weil's so schön ist, dies schönste Wort der Sachsen 2011, hier noch ne ganz andre Variante:

Als ich unlängst wieder in meinem Heimatkabarett, der »Herkuleskeule«, spielen durfte, herrschten subtropische Temperaturen. Und so begrüßte ich meine Zuschauer mit dem Satz: »Mensch, hier ist eine Demse!« Alle lachten, alle freuten sich; nur zwei, in der ersten Reihe rechter Hand sitzend, machten ein Gesicht zum Topflappen gehäkelt.

Und mit ganz ernster Miene fragt der eine den anderen: »Was hat der gerade gesagt?« Worauf ihm der Mitbesucher antwortete: »Lass mal, er meint die Elbe.«

Und so ist es bis heute. Diese kleine Episode drückt doch genau aus, was ich seit nunmehr 23 Jahren feststelle: Sie wissen nichts, und das erklären sie uns.

Das sächsische Wort des Jahres
Teil II

Es gilt heut' ein Wort zu ehren, über das Gedanken sich zu machen lohnt.

Überhaupt ist die Sprache, und aus Wörtern besteht ja diese, das Hauptinstrument unseres Daseins, zumindest beim Sachsen.

Wo andere nur sprechen, da teilt sich dor Sachse mit. Er singt förmlich sein Anliegen in die Welt hinaus. Nimmt man einem Volk die Sprache, bricht man ihm gleichsam das Rückgrat.

Ohne sein Sächsisch ist dor Sachse nur äh halber Mensch. »Hier red ich sächsisch – hier *muss* es sein.«

Dialekt-Sprache als letztes Rückzugsgebiet in dieser globalisierten Welt. Dialekt ist Heimat, und deshalb muss es Ziel sein, so zu sprechen, bis uns gar keener mehr versteht.

Ein kleines Beispiel sei mir an dieser Stelle gestattet:

Letztes Jahr, in der Vorweihnachtszeit, geh ich auf den »Romantischen Weihnachtsmarkt«, gegenüber dor Frauenkirche.

Überhaupt fracht mor sich ja langsam: Wir haben den ältesten Weihnachtsmarkt Deutschlands, unseren Striezelmarkt, einen Mittelalterlichen Weihnachtsmarkt, aber äh, das langt alles ne. Romantik pur muss es eben oh noch sein.

Mir sind zwar Heiden, aber Weihnachten wird glei dreima gefeiert!

So jedenfalls entdeck' ich gegenüber der Frauenkirche auf besagtem »romantischen« Weihnachtsmarkt einen Stand und dort dran: »Original sächsische Crepes«. Ich mein Handy gezückt, weil ... das dloobt dir ja sonst keener … und wollte es grad' fotografieren, da bläkt die Dusnelda in der Bude: »Nu sachen Se ma, was machen Sie hier?!« Oh, in em Ton, also, wenn mor ne von hier is, fällt mor tot um!

Ich sagte: »Gute Frau, nichts ist spannender als die Wirklichkeit.« »Was mein'n Sie'n?«, unterbricht se mich im Satzbau. »Nu gucken Se nur ma – sächsisch und Crepes – das schließt sich aus ... und dazu noch original ...«

Da bläkt die noch e mal, aber jetzt freundlich: »Herr Steimle, das is doch ne für uns.

Aber wenn die Wessis ni wissen, was Blinsen sinn!«

Nu frachen Sie sich bestimmt: »Welches Wort des Jahres ment dor denne?«

Das sächsische Wort des Jahres
Teil III

Es gilt heut' ein Wort zu ehren, über das sich Gedanken zu machen lohnt.

Die geringste Andeutung langt aus, um Ihre Fantasie zu beflügeln, um welches ursächsische Geheimwort es sich handelt. Deshalb gestatten Sie mir, ein klein wenig auszuholen, ohne einzuholen ...

Der Papierverbrauch in Deutschland ist höher als der vom gesamten Kontinent Afrika und Brasilien zusammen.

Würden wir die nächsten 40 Jahre so weiterleben auf unserem Planeten wie bisher, wir bräuchten im Jahre 2051 fünf Erden.

Würde jeder Millionär in der Bundesrepublik nur 5% seines Guthabens abgeben, Deutschland wäre schuldenfrei.

Und deswegen wird in der nächsten Woche unser demokratisch gewählter Landtag in Sachsen beschließen, dass jeder sächsische Millionär verpflichtet wird, vor Schulklassen zu erklären, wie er es geschafft hat, zu eben diesen Millionen zu gelangen.

Am 1. September war Weltfriedenstag, und keiner Zeitung, keiner Fernsehstation in der Bundesrepublik Deutschland war das eine Mitteilung wert. Warum auch? Deutsche Waffen siegten gerade über Gaddafi.

Ich frage mich schon seit geraumer Zeit: Wie überhaupt kommt unser Öl nach Libyen?

Ja, liebe Landsleute, es wird langsam brenzlig, unangenehm und heiß auf unserem Planeten und auch in unserer Stadt, womit wir uns unserem gesuchten Wort nähern.

Eine Brücke für 180 Millionen Euro in Dresden – das sind 360 Millionen DM oder knapp 1 Milliarde Ostmark.

Liebe Dresdner, für 1 Milliarde Mark hätte die Arbeiter- und Bauerndiktatur über Jahre hinweg genügend Mathelehrer ausgebildet, die uns vorgerechnet hätten, wie viele Brücken man davon hätte erwerben können.

Und trotz alledem: Es kommen immer mehr Menschen, auch aus der ehemaligen Bundesrepublik, und schauen, wie schön es doch geworden ist, hier in den besetzten Gebieten. Natürlich, »besetzte Gebiete«, was denn sonst?

92% der Führungskräfte – so der Stand nach 23 Jahren Kehre – kommen aus den alten Bundesländern. Wir hier sind ein besetztes Land. Wir Dresdner werden gar nicht erst gefragt. Uns wird wiederholt ein potthässlicher Monstrumsbau lieblos vor die Frauenkirche hingedladscht. In München hätte man solch architektonisches Besatzergesocks aus der Stadt gejagt ...

Wir Dresdner aber sollen sie erdulden. Keiner hat sie gewählt, trotzdem bilden sie die angebliche Mehrheit. Das ist Demagogie. Und da red' ich noch gar nicht von den sinnlos zum Fenster herausgeworfenen Millionen für die Zerstörung des Armeemuseums.

Anfangs dachte ich ja noch: Ganz schön clever, treibt einfach einen Keil in unsere Geschichte! Doch nein, so musste ich lesen, so war es nicht gemeint.

Über 45 Millionen Euro kostete der Umbau des Armeemuseums!

Als ich neulich einen befreundeten Journalisten daraufhin ansprach und ihm klarzumachen versuchte, wie es denn sein kann, dass Millionen für den Umbau eines Museums vorhanden sind, aber kein Geld für Schulgarten, Sport- und Jugendarbeit beziehungsweise für funktionierende Schulen überhaupt, von den Lehrern ganz zu schweigen, schaute mich der Zeitungsmacher völlig entgeistert an und bemerkte nur trocken: »Herr Steimle, das Geld für das neue Armeemuseum zahlt doch der Bund!« Aha! – Sie haben es also auch verstanden?!

Aber das Sächsische Wort des Jahres? Wird nicht verraten! Streng geheim!!

Doch ich verrate es Ihnen: 2012 heißt mein sächsisches Wort des Jahres Sanddornquarksahnedorde.

Haarwäsche mit Flaffeld ab

Mir ist neulich was passiert: Ich bin neulich in eine Drogerie gegangen und wollte mir ein Haarwaschmittel kaufen, wie sich das für ’nen normalen Sachsen gehört.

Nu hab’ ich aber gedacht: »Nein, ich versuche authentisch zu sein«, und hab’ es also gleich abgekürzt und gesagt: »Ich hätte gern ein Schampu.« Da kommt eine Verkäuferin auf mich zu und fragt:

»Darf’s für Sie sein?« Ich sachte: »Ja, s’darf.« Sie sachte:

»Ja, nee, wissen Se, ich frag’ ja nur, weil Sie ham ja so feines Haar.« Sie war anständig und wollte nicht sagen: »Sie haben sehr dünne Haare.«

Und da sagt se: »Na ja, wissen Se, ich frag deshalb, ich hab hier nämlich ein sehr schönes Volumenschampu mit Flaffeld ab.«

Ich frage Sie, liebe Leser: »Was ist denn Flaffeld ab?«

Ich wusste es oh nich, also bin ich wieder raus. Ich weeß doch gar nicht, was mit meinen Haaren passiert. Dann wasche ich die, dann habe ich hinterher vielleicht gar keene mehr.

So, und wenn de dann zurückkommst, dann sagt se: »Das hab’ ich Ihnen doch gleich gesagt, es ist mit Flaffeld ab.«

Das sagen die aber so, als wäre ich blöde. Ich war nur froh, dass sie nicht gefragt hat:

»Darf’s fürs Haupthaar sein?«

Ja, das sind Geschichten …

Botschaften hör' ich viele

Und während ich dies alles zu Papier bringe, fordern einige Politiker kostenlose Krippen- und Kindergartenbetreuung sowie ein Studium, bezahlt von der Gesellschaft.

Innerlich kochend, aber mich beherrschend, denk' ich so: Gab es das nicht alles schon einmal? Ja, natürlich, heute fällt es mir wieder ein: Das alles gab es schon einmal in ... Finnland. Und wo haben die es her? Genau! … Unglaublich. Na ja, wir leben jetzt halt in einer Demokratie, und da halt' ich jetzt lieber meinen Mund.

Aber erwähnen möchte ich es doch noch mal: Ich bin ich so froh, dass Ursula von der Leyen, als sie noch Familienministerin war, so sehr gekämpft hat um das Bildungspaket. Stellen Sie sich vor: Türkische Kinder und sogar thüringische Kinder (klingt so ähnlich!), nicht nur niedersächsische, sondern auch sächsische Kinder sollen jetzt in den Genuss kommen: Krippenplatz, Kindergartenplatz, musikalische Früherziehung, Ganztagsbetreuung und eine warme Mittagsmahlzeit für jedes Kind. Alles nach …? … finnischem Vorbild.

23 Jahre nach der Wende: Eine 23 Jahre lang vertane Chance, unsere Welt mit Freundlichkeit zu verändern. Etwas polemisch formuliert, neige ich dazu, sagen zu müssen: In der DDR wurde sich um die Menschen gekümmert und die Häuser verfielen … und hier und heute?

Die Häuser sind topp restauriert! Die Hülle glänzt, die Fassade steht.

Warum werden die Akten von Helmut Kohl unter Verschluss gehalten? Wenn herauskommen sollte, was da drin steht, da … »wankt die BRD in ihren Grundsätzen.« Das sagt ein Sprecher der Bundesregierung! Wieso darf ein Mann wie

Henry Kissinger, Friedensverbrecher und Kriegsnobelpreisträger, in der BRD frei herumlaufen? Mehr noch, ihm wird die Ehrenwürde von Baden-Württemberg verliehen. Einem Mann, der nachweislich zum Sturz der Regierung Allende in Chile beitrug. Weil es den USA verhasst war, dass die Kinder in Chile einen halben Liter Milch pro Tag bekommen haben. Einen halben Liter Milch, dafür kämpfte Kurt Beck vergebens für Kinder in der – ach so reichen – BRD.

Oder ging es doch um Kupfer in Chile am 11. September 1973? (Auch ein Dienstag, auch ein 11. September.) Das war Staatsterror! Man brauchte das gute chilenische Kupfer für die Atombomben. Man brauchte neue, weil ja 1968 fünf Stück verloren gingen, ja verloren! Atombomben verloren! Wo sind die Bomben? Tut mir leid, verloren. – Wo? Über Grönland … Suchen! Sofort! Eine blieb bis heute verschwunden. Unfassbar!!

Aber, bis Monatsende muss es gekracht haben in Deutschland. Versprochen ist versprochen, da bestehe ich drauf. Internationale Islamisten haben es angekündigt, und Thomas de Maizière, also, das ist die Ablösung vom Guttenberg, von dem Lügenbaron, und dann war da ja noch einer, nein, nein, nicht Münchhausen, der war ja ehrlich, der hat ja die Enten noch Enten genannt, als er sich hat von ihnen durch die Luft tragen lassen; mehr so wie im Märchen der Wulff, wie der Sachse sagt, wenn er einen Wolf meint, der, der der Großmutter die Hucke vollgelogen hat, und die war sowieso schon in keiner guten Verfassung.

De Maizière hat es uns verkündet, was befreundete Geheimdienste nun gar nicht mehr geheim halten: Bis Monatsende wird es in Deutschland zu terroristischen Anschlägen kommen. Genau!

Vielleicht ist ja bei plötzlichem Frosteinbruch im Winter gleich mal wieder das Streusalz alle, und da kommt es dann eben zu einer Massenkarambolage auf der A … was weiß ich?

28 Autos ineinander gekeilt. Der Winterdienst konnte nicht ausrücken.

»Weswegen?«, fragen Sie, »Terrorwarnung?« Nein, das Streusalz war alle! Das ist wahrer Terror!

Aber Haubitzen für Afghanistan? Kein Problem, und bitte: Namibische Sicherheitskräfte fanden ein verdächtiges Päckchen in Windhoek. So ein Zufall aber auch!

In Deutschland verschärfen sich die Sicherheitsbestimmungen, und überall auf der Welt bleibt es an diesem Tag vergleichsweise ruhig.

Nur in Namibia finden namibische Sicherheitskräfte ein Bäckel! Ein Bäckel … Ganz Afrika ist voller Bäckel, aber im ehemaligen Deutsch-Südwest finden namibische Sicherheitskräfte ä Bäckel. Das ist wie die Nadel im Heuhaufen. Die ham das verdächtige Bäckel gleich vor Ort gesprengt, aber nu weeß ma nich, was drinne war.

Trotzdem, womöglich hätte es sonst mit dem Flugzeug Deutschland erreicht. Und dann? … Ja, man sieht, Deutschland wird auch in Namibia verteidigt. Nur, warum eigentlich? Deutsche Missionare wirken doch gar nicht mehr im ehemaligen Deutsch-Südwest.

Selbst in Deutsch-Nahost wird die Buschzulage nicht mehr gezahlt. Sie sehen: Afrika, Osten – alles eins. Besetzte Gebiete halt, die es zu befrieden gilt, aber wer geht schon freiwillig in den Busch, äh Osten, ohne Zulage?

Nur die erste Garnitur, also die erste Garnitur von hinten.

Und erst, wenn der Rest der Welt so ist wie wir, herrscht Ruhe.

Oder Griechenland, Spanien, Portugal, wenn all diese Länder pleite sind – sind die Ergebnisse des 2. Weltkrieges korrigiert, und es ist nicht ein Schuss gefallen. Wir haben den 2. Weltkrieg gewonnen.

Wir sind Kerneuropa. Der »Rest«? Das sind die Schalen!

Und die fliegen fort.

Ein Lied!

… Es gibt so viele Lieder.

Ich fange gleich mal bei mir an, sing' ein Lied und mach' jetzt Pause.

Es soll ja hier oh ni in Arbeit ausarten. Denn wie sagte schon der wundervolle Peter Hille? »Arbeit heißt, bei sich selbst sein.«

Ganz bei mir, denk' ich zurück ans kindliche Erdenglück in meiner Heimatstadt Dresden, genauer gesagt, Alttrachau, noch präziser, Leipziger Str. 226, 1. Hinterhaus.

Hier, im oft von mir zitierten 1. Hinterhaus, wuchs ich friedlich auf.

Heimat musste mir niemand buchstabieren, ich hatte ein Zuhause.

Und da ich darüber nicht großartig nachdenken musste, mir war diese Selbstverständlichkeit quasi mit in die Wiege gelegt worden, kann ich heute so ganz ungestört in mir wohnen.

Das, glaube ich, ist sowieso das Schönste, Beste, Größte: Heimat. Und? Dass ich Wünsche hab', einen Grund, hoffnungsfroh aufschauen zu dürfen, jeden Tag neu.

Und wissen Sie, warum ich das kann? Ich wurde als Kind sehr viel gestreichelt. Heute gehen die Kinder in den Streichelzoo, wo sie streicheln dürfen, auch die, die selbst nicht gestreichelt werden.

Das hatte ich zu Hause. Mein Dialekt, meine Heimat, mein Sachsen, das ich in Form von Stollen, im Winter als Bauch sichtbar, vor mir hertrage.

Lieber einen Stollen auf den Rippen als drei Pullover. Stollen ist gebackener Glaube.

Und weil wir gerade beim Glauben sind, da fällt mir das Wort ein: »Glaubwürdig« – Nehmen wir es einmal auseinander: Des Glaubens würdig, oder: Ich würde das gern glauben, wenn, ja wenn … Merken Sie was? Sprache kann verräterisch sein. Ich finde, Glaubwürdigkeit ist was für Banken und die Kirche.

Der »Rest« kann es ruhig mit der Wahrheit versuchen. Wahrheit sollte immer aber auch äußeren Ansprüchen genügen können. Oder anders ausgedrückt: »Was Du nicht willst, dass man dir tu', das füg auch keinem anderen zu.«

Ich muss mit meiner Wahrheit leben können und meine Mitmenschen möglichst auch. Wahrheit: … »Wahrheit«, letzten Endes auch ein schwammig-schwiemeliger Begriff.

Die letzte, endgültige und unumstößlichste aller Wahrheiten ist doch ... der Tod. Ja, was denn sonst, wer denn sonst? Ich bitte Sie. Neulich geh' ich kurz vor dem Totensonntag auf den Friedhof. Am Totensonntag selbst, nein, das muss nicht sein. Am Totensonntag ist doch auf dem Friedhof die Hölle los. Die Leute erlatschen sich doch fast!

Und was muss ich erleben auf dem Markusfriedhof? Es war ein herrlicher, heller Tag, noch gar nicht frostig, eher lind und erdig schnuppernd vom verwesenden, sich zersetzenden Laub der Silberpappeln. Was also sehe ich um unser Familiengrab? Wiese, nur noch Wiese. Wo vor ein paar Jahren noch Gräber neben dem unsrigen waren – Leere.

Ganz allein liegen nun meine Eltern und Großeltern. Jetzt herrscht wirklich Ruhe. Ruhe, von der sie immer alle träumten. »Wir wollen unsre Ruhe haben.« Da ist sie nun. Eine Ruhe, die aber gespenstig wirkt. Denn wo sind alle hin? »Aufgegeben«, nennt es die Friedhofsverwaltung. Ja, das trifft's. Selbst die Toten geben wir auf. Wenn sich schon keiner um die Lebenden kümmert, weil sie ja einen lästigen Kostenfaktor darstellen, warum dann um die Toten? »Aufgegeben.« – Trocken, nüchtern, auf den Punkt gebracht. Gestorben? Wird bestenfalls noch in der Heimat, aber verfeuern lässt man sich anderswo.

Wo es billiger ist, weil man ja auch niemandem zur Last fallen will.

Man hat eine Sterbeversicherung, nicht Lebensversicherung. Wie das geht?

Meine Versicherung sagt mir Bescheid, wenn es soweit ist.

Drei Jahre muss ich noch leben, dann habe ich das Geld rein. »Sie leben für den Tod?«

»Ich lebe nicht, ich spare.« Das Wort »Gottesacker« fällt mir ein – fällt mir auf.

»Gottesacker«, bestellt für die Ewigkeit. Bereit zur Aufnahme. Schön, ja, aber eben nicht auf dem Markusfriedhof! Ist Sterben wirklich so teuer geworden? Wird es bald noch teurer? Was kostet der Tod, wenn schon das Leben nichts mehr wert ist, falsch: immer teurer wird. Viele können sich en würdiges Grab gar nicht mehr leisten. Und durch die Vereinsamung des Lebens, gestützt nur noch auf sich, spart man für den Tod. Eigentlich bitter.

Ein einsamer Friedhof, das ist es, was mir auffiel.

Meine Eltern und Großeltern liegen da ganz allein, einsam. Das macht mich tieftraurig.

»Lommel, komm, beeil dich. Wir müssen auf den Friedhof.« Da war es wieder, das Lachen über den Tod hinaus. Und über den Tod hinaus bleibt die Hoffnung auf Besinnung, die Zuversicht, dass nichts umsonst ist im Diesseits.

Der Umgang mit den Toten verrät viel über den Umgang mit dem Leben in unserem christlichen Abend-Heimatland. Es könnte sein, dass wir den Kampf der Kulturen verlieren.

Meine Oma aus Übsche, hochdeutsch Übigau, hab' ich als Kind oft gefragt:

»Omi, Schneeweißomi« – ist das nicht ein wunderschöner Name? – Also: »Omi«, hab' ich gefragt, »an was glaubst du eigentlich?« Meine Oma hatte fünf Kinder, vier Söhne und eine Tochter, was meine Mutti war, heil durch den Krieg gebracht, die barbarische Bombardierung Dresdens überlebt, und diese kleine große Frau mit ihrem dünnen geflochtenen Blondzopf lachte auf meine Frage nur und antwortete, während sie die Kurbel der Kaffeemühle drehte: »Das Einzige, an was ich noch gloobe, ist, dass äh Pfund Rindfleisch ne gute Brühe gibt.« Nein, das ist keine Gotteslästerung. Wer die Hölle vom 13. Februar1945 in Dresden überlebte, dem wird Humor zum Lebensmittel. Anders geht es gar nicht.

Übrigens, das neue Krematorium in Berlin, supermodern und zukunftsweisend, wie der Prospekt verrät, ist von denselben Architekten gebaut worden, die auch das Kanzleramt entwarfen. Dieselben Farben, derselbe Schreibtisch. Wenn ein Krematorium aussieht wie ein Kanzleramt – nein wirklich: zukunftsweisend.

Und Gott, der Herr, lacht. Herrgott, natürlich lacht der Herr, herrlich, nicht dämlich, lacht er, und wissen Sie, worüber? Das Volk, der Volksmund, gab dem neuen Kanzleramt einen Namen: »Waschmaschine«.

Und gestern verkündete unser Verteidigungsminister: Der Reichstag steht … noch!

Die Kanzlerin außer Gewehr, äh, Gefahr. Und das deutsche Volk kann aufatmen, denn den zwei feigen Selbstmordattentätern des internationalen terroristischen Islamismus ist es nicht gelungen, unseren deutschen Reichstag zu sprengen! ... Verzeihung, mich erinnert dies ein bisschen an den Reichstagsbrand. Getreu dem Motto: Haltet den Dieb, er hat mein Messer im Rücken.

Unlängst erschien doch ein Buch mit dem Titel »Das Amt«. Ich dachte erst, es wäre die Biografie von Jochen Busse. Aber nein, ich musste erfahren, dass willfährige Diplomaten im Dritten Reich eng mit Hitler zusammengearbeitet haben. Hätten Sie das für möglich gehalten? So etwas erfahren Menschen in der Bundesrepublik 67 Jahre nach Kriegsende. Unglaublich! Ich war betroffen, und zwar nicht nur ein Stück weit, dass so etwas überhaupt möglich war. Das Auswärtige Amt arbeitete eng mit diesem Monster zusammen. Und das alles kam nur raus, weil einer dieser willfährigen Handlanger des Verbrecherstaates bei einer Erschießung von Menschen dabei war; und damit nicht genug, er hat sich dieses auch noch quittieren lassen – als Dienstreise. »Wie abgeschmackt!«, dachte ich, und dann »synapsierte« es bei mir, und ich erinnerte mich plötzlich an das Jahr 2006, als die Kanzlerin während der Fußballweltmeisterschaft – ich glaube, es spielte sogar Deutschland – in der Halbzeitpause zwei U-Boote nach Israel verschenkte. Nicht versenkte, nein verschenkte! – Wann haben Sie Ihr letztes U-Boot geschenkt bekommen? Und plötzlich schoss es mir durch den Kopf: Diese U-Boote – wer hat die überbracht? … Diplomaten? Und wenn ja, waren die willfährig? Nein, nein! Erstens leben wir hier in einem Rechtsstaat und zweitens – die ham sich das doch nicht quittieren lassen.

Ausschnitte aus Veranstaltungen

TAG DER BEFREIUNG

Uwe Steimle als Günther Zieschong

»Tag der Befreiung« – Tag der Befreiung! Wenn ich das schon höre! ...

Kennen Sie den Unterschied zwischen den Russen und dem Westen? …

Die Russen sind wir losgeworden.

Natürlich, das sind doch die Tatsachen! Ein ganzes Land (Ostdeutschland) wird hier in Sippenhaft genommen; die Gebiete gehören uns ja noch gar nicht wieder.

Nur ein Beispiel: Was war denn los in Dresden, Schillerplatz, am Vitaminbasar? Sie, da wurde die Straße aufgerubbt für Wasser. So … 14 Tage später fällt's den Leuten ein: Heu, heu! Mir ham ja oh noch Abwasser! Also, die Straße noch einmal aufgerubbt …

Und so geht das weiter! Das ist ja kein Einzelbeispiel! Für Gas – Abgase, jetzt wollen die schon das Breitbandinternet verleschen.

Ich sage Ihnen eins: Wenn wir in der DDR oh so gearbeitet hätten wie jetzt der Westen bei uns, mir wärn schon nach 20 Jahren pleite gegangen.

Soll ich Ihnen sagen, wenn die innere Einheit Deutschlands vollendet ist? Wenn der letzte »Ostdeutsche« aus'm Grundbuch gelöscht wurde. Natürlich! Aber ich weß gar ne', warum ich mich hier so künstlich eschowiwiere. Glooben Se's – je länger mor drüber nachdenkt: Mir hätten dieses ganze System hier erscht ma leasen sollen!

Ja! Da könnten wir's nämlich jetzt oh zurückgeben und wärn de Kosten los, und zwar kostenlos. Was habt Ihr denn aus uns gemacht? Guggen Se mich ma an: Ich war Parteisekretär. Jetzt soll ich durch de Kirche führen. Ist Euch denn gar nichts mehr heilig?

Apropos »Heilig«: De Inquisition wird mit der Staatssicherheit verglichen, die NSDAP mit der DDR. Es ist furchtbar – die Deutsche Demokratische Republik! Und auch nicht die so genannte oder ehemalige. Uns hat's gegeben. Und wir sind noch da!

Wir hatten keine 50 Millionen Tote auf dem Konto. Aber irgendwann ist Schluss, dann schlägt das Imperium zurück!

Aber, mich wundert hier nix mehr. Passen Se ma off: Jetzt im Zuge der Aktenöffnung – mir ham ja dieses Jahr 20 Jahre deutsche Wiedervereinigung – kommt's raus, dass Kohl och für de Stasi gearbeitet hat. Ja – oder der Papst ist schwul? Oder aber der Papst war bei der Stasi und Kohl ist schwul? Oder Kohl wird noch Papst und die Stasi war schwul?

Nein, nein, nein! In diesem Land ist alles möglich. Ham Se das mitbekommen? (Man vergisst ja so schnell heutzutage.) Das Streusalz war alle. In der BRD gab es kein Streusalz mehr. Aber Geld für Haubitzen für Afghanistan. Das ist da! Dafür langt's!

Von wegen Wirtschaftswachstumsbeschleunigungsgesetz!

Wissen Se, wie das bei uns hieß? ... 5-Jahr-Plan! Und? Ist dor oh nüscht geworden. Dieses System hier ist doch genauso pleite ... nur eben auf höherem Niveau. Was hat die Merkel erst kürzlich wieder getönt? Nur, was vorher erarbeitet wurde, kann auch verteilt werden. Da denk ich so: Günther, das hast Du doch irgendwo schon mal gehört! Wissen Se, wie das bei uns früher hieß, die Einheit von Wirtschafts- und Sozialpolitik? »Denn nur, was vorher erarbeitet wurde, kann auch verteilt werden.« (Originaltext Erich Honecker 89)

Manchmal denke ich so, dass vielleicht mal jemand Angela sagen sollte, sie soll ihre Reden nicht abschreiben, sondern schreiben.

Wissen Sie, was mir nach 20 Jahren Kehre für ein Eindruck bleibt?

Wer in diesem, unserem Lande am besten lügt – dabei aber glaubwürdig wirkt und ein bisschen authentisch –, der ist hier der gemachte Mann, und da kann doch etwas nicht stimmen.

Eins noch zum Schluss: Nein, bitte, Guido – Uns Guido hat doch bald Geburtstag, und da hab' ich mir was überlegt, was wir ihm schenken könnten:

Wir legen alle zusammen und schenken ihm einen Fallschirm!

BRIEF GÜNTHER ZIESCHONGS AN KURT BIEDENKOPF

Und war es nicht Angela Merkel, die jüngst sagte: »Die Staatsschuldenkrise ist das Ergebnis vergangener Jahrzehnte«? Was das heißt? Die ehemalige BRD war 1989 ökonomisch genauso am Ende wie die so genannte DDR; nur das will niemand wahrhaben. Ein Glühwein kostet heute 3,50 Euro – das sind 7 DM oder 28 Mark Ost. Für 28 Mark Ost konnte ich einen Monat meine Miete zahlen, allerdings nur im Arbeiter- und Bauernstaat. Wer lebt hier über seine Verhältnisse, Herr Biedenkopf? Günther Zieschong bekam für seinen 50. keinen Zuschuss des Landtages, zu seinem 70. schon. Verzichten hieße das Gebot der Stunde. Wie sagte schon der große deutsche Curt Querner? »Wer viel von Ehre redet, hat keine.« Wir Sachsen, lieber Kurt Biedenkopf, sind nicht nachtragend ... aber wir vergessen auch nichts.

Wer hat denn ein funktionierendes Schulsystem nach 89 zerschlagen? Wer gibt dreimal mehr für Rüstung aus als für Bildung? Was ist die Gründung eines Staates gegen die Plünderung eines Staates? Wer baut denn Schulen zu Kaufhallen um? Wirtschaftswachstum auf Pump wird es nicht mehr geben? Ha, ha!

Wir brauchen keine Kunstklokinos für 300 000 Euro, sondern genügend funktionierende Toiletten in der Innenstadt. Basta! Denn wie sagte schon der große Helmut Kohl? Entscheidend ist doch, was hinten rauskommt. Lieber Kurt Biedenkopf, warum haben Sie nicht so gehandelt, als Sie noch im Amt waren? Wo Menschen zur Arbeit rennen müssen, nur damit die Rendite stimmt, da stimmt etwas Grundsätzliches nicht. In einem Land, wo die Autos in beheizten Häusern stehen und auf der Straßenseite gegenüber Menschen keine Wohnung haben, da stimmt etwas Grundsätzliches nicht. Warum reißt man denn die Pädagogische Hochschule ab? Damit niemand der nachfolgenden Generation sehen soll, dass es mal einen Staat gab, der Lehrer an Hochschulen ausgebildet hat. Wer Kulturpaläste zerschlägt, fördert Terrorismus.

Und waren es nicht Ihre zwei Pappenheimer, Merkel und Tillich, die auf Wahlkampfveranstaltungen dem erstaunten Volk mitteilten: Nur was vorher erarbeitet wurde, kann dann auch verteilt werden. Da dachte ich so bei mir: ... Momente mal, Günther, das hast du doch oh' schon ma gehört. Dann fiel es mir wieder ein: Das ist die Einheit von Wirtschafts- und Sozialpolitik, »denn nur, was vorher erarbeitet wurde, kann dann auch verteilt werden.« Ja, lieber Kurt, das war ein Originalzitat von Erich Honecker, unserem König bis 89.

Vielleicht sollte jemand mal Angela und Stanislaw sagen, sie sollen ihre Reden nicht selber schreiben; es gibt noch Überlebende der Wende ...Wo sind eigentlich Ihre Quellen? Nein, nein, ich glaube Ihnen, dass Sie nicht bei einem Saarländer abschreiben, dazu sind Sie viel zu klug! Lieber Kurt Biedenkopf, eine Frage noch: Warum ist der unabhängige Parteienforscher Patzelt Mitglied der CDU? Wie kann er dann unabhängig sein? Sicher haben Sie eine schlüssige Antwort, so dass ich es auch verstehe.

Günther Zieschong, z. Z. arbeitslos

Übrigens, die Städte müssten denen gehören, die in ihnen wohnen. Dresdner Wohnungen gehören Amis. Gehören uns Dresdnern auch Wohnungen in Amerika?

Hochverehrte Vogelfreunde!

UWE STEIMLE ALS ERICH HONECKER

Hochverehrte Vogelfreunde, liebe Vogelbäuerin, lieber Vogelbauer, werte Menschen, liebe Gäste!

Ich bin zutiefst dankbar, ja, glücklich, heute und hier über einige zeitbemessene Probleme unserer Vogelwelt sprechen zu dürfen. Denn wir alle wissen: Wo der Vogel ist, ist auch ein Problem. Viele Hobby-Ornithologen schreien heute lauthals: Vorwärts und schnell vergessen! Aber: Ohne die Vergangenheit gibt es keine Zukunft. Bitte, liebe Vogelfreunde, erinnern wir uns: Vor noch nicht allzu langer Zeit wurden in unserem heimatlich angestammten Brutrevier Standvögel zu Zugvögeln, jawohl, Tausende Vögel zeigten uns den Vogel. Und selbst aus Rotkehlchen wurden Mauersegler. Deshalb suchten wir Hobby-Orn … iotheo … logen nur nach den Federn der Vergangenheit, und daunendick stellten wir dabei fest: Im alten hohen Horst fanden ganz einfach zu viele Vögel Unterschlupf, egal ob hager oder fett. Durch die letzte reinigende Herbstmauser strichen sie ab, Kleiber und Dohle, gewitzte Sichelschnäbler und selbst ungedeckte Scheckenten flogen auf und davon. Und heute? Eine ganze Brut setzt derzeit zum totalen Sturzflug an. Millionen Vögeln werden die Flügel gestutzt, oder sie dürfen nur noch Kurzstrecken fliegen. Jawohl: Ein Brutrevier wird beschissen und bescheißt sich auch noch selbst. Aber wie sagte schon Walther von der Vogelweide: Jetzt fliegt zusammen, was schon einmal zusammenflog. –

Wenden wir uns nun ganz geschickt dem Vogel des Jahres zu: Kohls Meise. Meine neuesten Erkenntnisse über diesen, nun ja, flauschig-drolligen Gesellen, gewonnen in Fauna und Sauna, äh, Flora, besagen: Die Kohlmeise zählt nicht unbedingt zu den schönsten und prächtigsten, aber sie ist die schwerste ihrer Art, und deshalb erkennt der erfahrene Vogelbauer und die erfahrene Vogelbäuerin sie anstandslos, also: ohne Anstand, schon von weitem. Woran? Nun, an ihrem wundervoll gezeichneten schwarzen Kopf und dem kurzen, aber kräftigen Schnabel, der bei großer Hitze schon mal offenstehen kann. Denn Kohlmeisen schwitzen nie, so muss gehechelt werden. Wir finden die Kohlmeise überall dort, wo Grund und Boden das zulassen. In Gärten, Parks und Freiflächen ebenso wie auf Friedhöfen, in zerbeulten Eimern oder defekten Ofenrohren. Man kann also mit Fug und Recht sagen: Die Kohlmeise ist der perfekteste Nachnutzer alter ausgedienter Reviere. Oder, anders gesagt: Sie schmarotzt zu gern. Natürlich nur zu treuen Händen. Gegenwärtig wird sie beobachtet bei der so genannten Fliedervereinigung, was heißen soll: einfach draufsetzen, ohne zu befruchten!

Weihnachtsansprache

UWE STEIMLE ALS ERICH HONECKER

Genossen Bundesbürger,

zum bevorstehenden Weihnachtsfest übermittle ich Euch brüderliche Kampfesgrüße.

Vieles wurde erreicht, doch vieles liegt auch hinter uns.

Heute am Vorabend des Heiligen Abends kann man einschätzen, dass die Versorgungslage im Wesentlichen stabil gesichert ist.

Rechtzeitig reiften die kubanischen Apfelsinen zu den Weihnachtsfeierlichkeiten heran.

Spreewälder Genossen stellen erstmals in diesem Jahr zur Absicherung der Grundversorgung der Bevölkerung noch mehr Rettich zur Verfügung.

Unter dem Motto: »Nicht nur jedem eine Banane, sondern jedem seine Banane!« trug die Aktion der Fruit Company schon an Nikolaus reife Früchte.

Deshalb singt die Gruppe »Erichs Enkel« aus Wibelskirchen im »Weihnachtskessel« den Bananensong »Chikedida – heute noch zu mir die Bananen kamen.«

Im Truppenteil der NVA »Werner Lamberz« wurden 2 734 Stück Schwibbogen über den Plan laubgesägt; damit ist der Weltfrieden in Europa und unterm Weihnachtsbaum um ein weiteres Jahr gesichert.

Hausfrauen in Stadt und Land, es lohnt sich wieder, sich anzustellen. Denn die Genossen Binnenfischer bringen erstmals seit der Wiedervereinigung der Wende genügend grüne Heringe hinter den Ladentisch. Fünf Stück für jeden Bürger sieht der Staatsplan vor.

Anstelle der sonst üblichen Jahresendprämie gibt es dieses Jahr anlässlich der Feierlichkeiten zu Christi Geburt für jedes Mitglied der Nationalen Front: drei Räucherkerzen, einmal polnische Perlzwiebeln, zwei Jahresschlusslichte, ein Paar selbst genähte vietnamesische Hosenjeans sowie vier chinesische Taschentücher zusätzlich.

Venceremos! – Allen eine gesegnete Weihnacht, ein schönes Abendmahl, will sagen Kartoffelsalat!

Am Ende war das Nachwort

Danke, liebe Leserinnen und Leser, Sie haben bis hierher tapfer durchgehalten, und vermutlich sind Sie jetzt entweder froh, dass das Ende naht - das Ende des Buches –, oder aber Sie denken so bei sich: »Ach, schade, dass es schon vorüber ist, wie soll ich jetzt getrost einschlafen?«

Allen soll geholfen werden. Die, die durchgehalten haben, und die, die froh sind, dass es vorbei ist, werden jetzt gleichermaßen belohnt. Denn bevor das Geschriebene nun endgültig Ihr Nachtschränkchen erreicht, erlöse ich Sie mit einem wirklich glücklich machenden Nachwort.

Erheben Sie sich nun gleich wieder von der Lagerstatt oder träumen Sie sanft und genießen Sie durch die Kraft der Fantasie das Evangelium:

EINE ORIGINAL DRESDENER EIERSCHECKE

Achtung! Konditoralschäden oder Kraft durch Traum – Entscheiden Sie jetzt!

Nicht, man nehme, nein, man gebe – Geben ist seliger denn Nehmen:

Erstens

Für den Teig: Kathi Backmischung – Streuselteig
dazu ein Ei und
130 g gute weiche Butter

Die Zutaten werden verknetet und in eine gefettete 28-er Springform gegeben. Mit einer Gabel löchre man den Boden, auf dass dieser luftig bleibe. Vergessen Sie auch nicht, einen Rand zu formen.

Zweitens

Für die Quarkfüllung: 500 g Quark halb und halb,
(40% Fett bzw. 20%) abgetropft
7 Esslöffel Zucker
1 Spritzer Zitrone
eine Handvoll Mehl

Sie verrühren nun alles aus Zweitens und geben es auf den Teig.

Drittens

Für die Schecke: ½ Liter Milch
1 Päckchen Vanille-Puddingpulver
2 Esslöffel Zucker
150 g Butter
4 – 5 Eier, Eiweiß und Eigelb getrennt

Kochen Sie jetzt aus Puddingpulver, Milch und Zucker einen Pudding. Rühren Sie in den heißen Pudding die schöne weiche Butter ein und nach Abkühlung die 4 – 5 Eigelbe unter. Das Eiweiß schlagen Sie mit einer Prise Salz zu Schnee und heben ebendiesen vorsichtig unter. Die so entstandene Masse geben Sie auf den Kuchen und lassen diesen backen, und zwar ca. 45 Minuten bei 180 Grad Celsius mit Umluft im Backofen, den Sie natürlich vorgeheizt haben.

Den krönenden Abschluss bildet das Aufstreuen feinster Mandelblättchen … vor dem Backen!

Daher Evangelium.

Nach dem Backen empfiehlt es sich, den Kuchen ca. 20 Minuten bei leicht geöffneter Ofentür noch etwas ruhen zu lassen.

Ferdsch! (Fertig!)

Noch mehr kleine Zusatztipps, gratis, kostenlos, aber hoffentlich nicht umsonst:

Sollte der Kuchen schon braun geworden sein, vor Ende der Backzeit, decken Sie diesen mit Backpapier oder Alufolie ab.

Und, liebe Leserinnen und Leser: Der Kuchen schmeckt am besten, wenn er einen Tag vor dem Verzehr gebacken wurde. Auch hier gilt: »Zeit ist Gnade.«

Wir wünschen Ihnen für dieses Backwerk gutes Gelingen und guten Appetit.

Sollte Ihnen das Buch nicht gefallen haben, empfehlen Sie es trotzdem weiter! – Als Backbuch, und außerdem ist ja bald Weihnachten. Und wenn jeder jedem eins schenkt … wird's auch alle.

Ich danke meinem Freund, Bäckermeister Gerhard Wehner und seiner lieber Frau Renate aus Oberpoyritz, auch meiner Martina, Ingrid und Günter Richter und Ingrid Bietz für ihre Hilfe bei der Entstehung dieses Buches.

August 2012

Bibliografische Information der Deutschen Nationalbibliothek
Die Deutsche Nationalbibliothek verzeichnet diese Publikation in der Deutschen Nationalbibliografie; detaillierte bibliografische Daten sind im Internet über https://portal.dnb.de abrufbar.

FSC
www.fsc.org
MIX
Papier aus verantwortungsvollen Quellen
FSC® C014496

Verlagsgruppe Random House FSC-DEU-0100
Das für dieses Buch verwendete FSC®-zertifizierte Papier *Munken Premium Cream* liefert Arctic Paper Munkedals AB, Schweden.

1. Auflage

Umschlagmotive: © Hans-Ludwig Böhme
Bilder Innenteil: © privat
Druck und Einband: GGP Media GmbH, Pößneck
Printed in Germany
ISBN 978-3-579-06648-0

www.gtvh.de

CD-Tracklist

1. Genossen Bundesbürger!
2. Der Shop
3. Uwes Schulweg
4. Meine liebste Weihnachtsgeschichte
5. Lob der Provinz
6. Lebensgefahr
7. Hochverehrte Vogelfreunde!